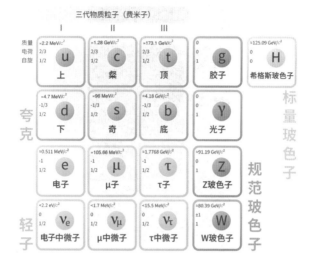

图 6-1　标准模型（本图在 CC BY-SA 4.0 许可证下使用）

图 9-4　鹦鹉螺

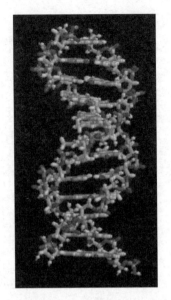

图 9-5　右旋 DNA

碰撞前

V ⟶

碰撞后，情形 A

V ⟶

碰撞后，情形 B

⟵ V

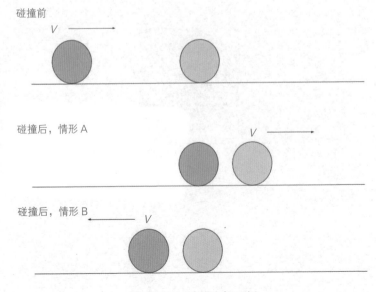

图 10-1　动能守恒示例

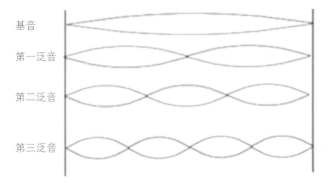

图 11-3　弦上驻波

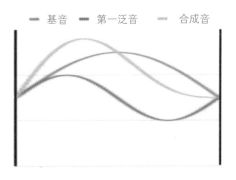

图 11-4　合成波形

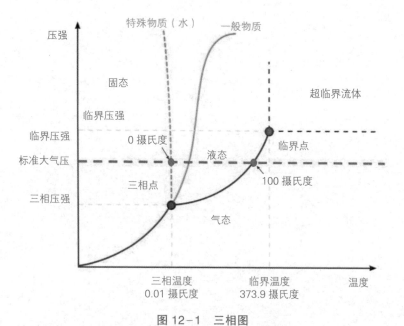

压强

特殊物质（水）　一般物质

固态

超临界流体

临界压强

临界压强

0 摄氏度

液态

临界点

标准大气压

三相点

100 摄氏度

三相压强

气态

三相温度
0.01 摄氏度

临界温度
373.9 摄氏度

温度

图 12-1　三相图

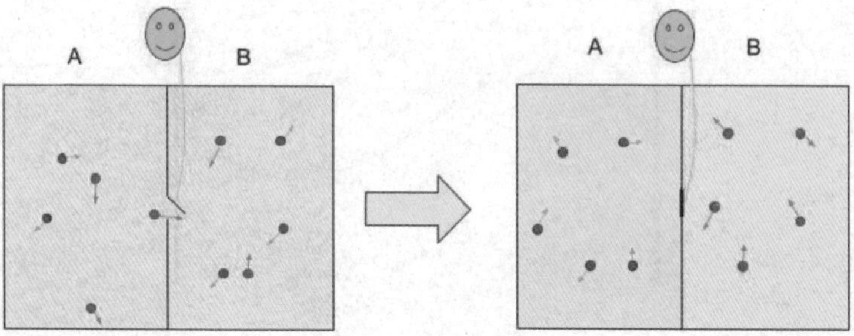

A　　　　B

A　　　　B

图 13-5　麦克斯韦妖

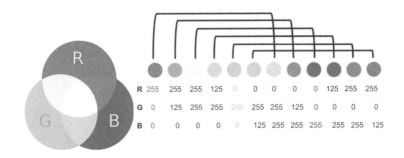

图 17-7 RGB 模型（本图在 CC BY-SA 4.0 许可证下使用）

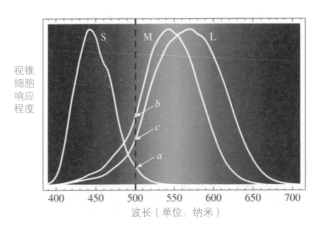

图 17-8 视锥细胞的响应曲线

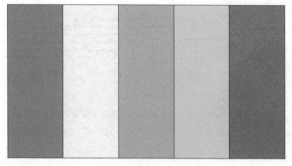

| 灰色 | 米色 | 紫丁香色 | 粉红色 | 洋红色 |

图 17-9　非光谱色

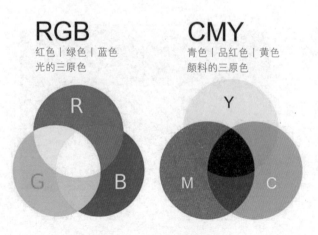

图 17-10　光与颜料的三原色

（本图在 CC BY-SA 4.0 许可证下使用）

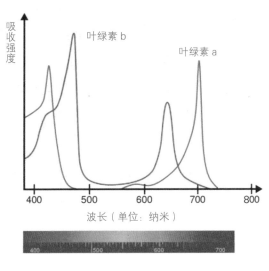

图 17-11　叶绿素的吸收光谱

（本图在 CC BY－SA 3.0 许可证下使用）

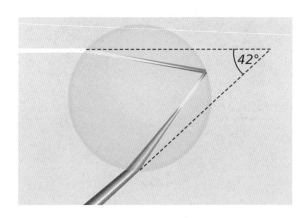

图 17-16　彩虹原理

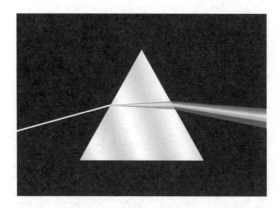

图 19-1　三棱镜下的自然光谱

（本图在 CC SA 1.0 许可证下使用）

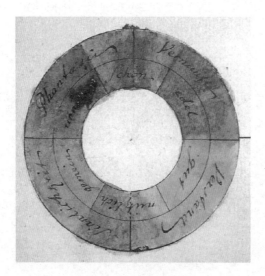

图 19-2　歌德的色轮

TURING 图灵新知

什么是
物理

赵智沉 著

经典物理篇
用物理学的视角看世界

人民邮电出版社

北 京

图书在版编目（CIP）数据

什么是物理：用物理学的视角看世界. 经典物理篇 /
赵智沉著. -- 北京：人民邮电出版社，2024.3
（图灵新知）
ISBN 978-7-115-63341-5

Ⅰ.①什… Ⅱ.①赵… Ⅲ.①物理学－普及读物
Ⅳ.①O4-49

中国国家版本馆CIP数据核字(2023)第251678号

内 容 提 要

本书为年轻人献上了一堂精彩的物理通识课，分为上、下两册，分别为经典物理篇和近代物理篇。全书从时间、空间等基本概念开始讲起，基于粒子宇宙图景、力学逻辑等核心思想，构建了质量、能量、动量等相对复杂的概念。在这个框架下，本书用简单的原理和公式解释了日常生活中的直观现象，逐渐搭建起一座物理学大厦。作者用生动通俗的语言描述了搭建物理学大厦的每一步，让我们明白物理学家是如何思考的，物理学又如何通过一步步实践变成今天的样子。本书用这种循序渐进的方式，把物理学的基本逻辑和思维方法传递给读者。

本书适合对物理学感兴趣的所有读者阅读。

声 明

本书简体中文版由北京行距文化传媒有限公司授权人民邮电出版社有限公司在中华人民共和国境内（不包括香港特别行政区、澳门特别行政区及台湾地区）独家出版、发行。

◆ 著　　　　　赵智沉
　　责任编辑　　魏勇俊
　　责任印制　　胡　南
◆ 人民邮电出版社出版发行　　北京市丰台区成寿寺路11号
　　邮编　100164　电子邮件　315@ptpress.com.cn
　　网址　https://www.ptpress.com.cn
　　三河市中晟雅豪印务有限公司印刷
◆ 开本：880×1230　1/32　　　彩插：4
　　印张：10.5　　　　　　　　2024年3月第1版
　　字数：254千字　　　　　　2024年3月河北第1次印刷

定价：59.80元

读者服务热线：(010) 84084456-6009　印装质量热线：(010) 81055316
反盗版热线：(010) 81055315
广告经营许可证：京东市监广登字20170147号

前言
为什么还要写一本物理科普书？

普适与可靠，是人们对物理学的普遍印象。

这种普适与可靠不同于数学。后者是一座不容置疑、非此即彼、完全构建于人类精神世界之中的理论大厦。数学定理没有"时空性"。我们无法想象一条数学定理只在 2022 年的海南岛上是正确的，而在其他时间和地点是错误的。

但是，物理学面对的是外部世界，一个存在于时空之中的外部世界。一条物理定律，在任何时刻、任何地点都面临着被事实推翻的风险。如果有一天太阳从西边升起，那么所有人都会感到无比震惊，但这依然是可以想象的。尽管如此，物理定律依然以一种简洁、普适的（也就是数学的）语法描述世界的运行规律，并且在任何时刻、任何地点都以极高的精度预测尚未发生的现象。预测有时会失败，但在一次次修正或改良后，人们对物理理论的信心愈加坚定。

　　这种对抗变化的普适性给人一种强烈的印象：纷繁变幻的世界被一条永恒不变的客观规律支配着，而物理学就是人类寻找并使用数学语言书写这条规律的学科。这种印象抹去了物理学在大众眼里的历史性。既然存在一个终极理论，而物理学是不断逼近这个终点的旅途，那么过去的理论相对当今理论而言是模糊、狭隘甚至完全错误的。如果学习物理学的目的是追问那个终极理论，那么当下的理论体系就是最好的近似，了解它就足够了。

　　于是，无论物理学教科书还是科普书，通常都呈现给读者一幅静态的剖面图，描述着当下这个"最好"的状态。"静态"有两个方面：一是忽略理论在发展过程中留下的历史印记，以及时代思潮对物理学家产生的微妙而深刻的影响；二是缺失物理学内部不同分支之间的核心概念、理念和图景的密切关联（尤以力学对其他学科的影响为甚）。于是，读者常常不假思索地接受当代物理学的时空观念、力学的基础地位、粒子宇宙图景、机械宇宙图景、"实体"的指称等，而不清楚它们如何从一些朴素、原初的体验和观念一步步发展到今天。我们只看到了恢宏的大厦，但没有看到脚手架拆除之前的样貌。

　　一些物理科普作品还有一种倾向：将物理学奇观化，并将物理学科普书调配为满足猎奇心理的"快餐"。物理学在 20 世纪经历了两场革命：相对论和量子力学的提出，推翻了牛顿经典力学的地基，奠定了现代物理学理论的基础。这两个理论分别在高速世界和微观世界呈现出我们在日常生活中无法体验的新奇现象，它们所依赖的理论基础和衍生出的概念也是相当奇特的，黑洞、虫洞、时空扭曲、双生子佯谬、薛定谔的猫、高维时空、多重宇宙等很多概念甚至借助文艺作品成为流行文化的一部分，其意向也常常超出了严格的物理学概念。然而，有些科普作品成功地渲染了这些理论的奇异性质，却没有试图解释背后合理、严谨的原则和观念，以及它们从经典物理理论汲取的丰富养料。仿佛在 20 世纪初，物理学家从钟表匠摇身一变成为魔法师，以违背常识的特异思维从事着天马行空的研究工作。

我希望本书能带来一些新的科普阅读体验。在上册中，我试图从时间、空间、运动、力、声音、冷热等日常原初体验出发，从零构建一套基于力学的理论体系。我希望你能参与到这座大厦的设计和构建过程当中，而不只是跟随导游浏览完工后的作品。我花了很多笔墨剖析那些不那么"新奇"的理论，这是因为它们贯穿了物理学的很多核心观念和方法，为许多前沿理论提供了丰富的养料。当读到下册中的那些新奇的理论时，你会看到很多熟悉的身影，不会觉得它们毫无根据且异想天开。

从电磁学开始，推进物理学发展的实验会脱离日常经验的范畴。此时，我会将视角投向历史，梳理理论演进的历史脉络，试图还原一些关键历史节点上的灵光、混沌、踌躇、粗粝，一些跨越时代的思辨，一些后知后觉的革新。

当然，本书并不承诺能翔实地梳理物理学史，这实在超出了我的能力。这依然是一本立足于当今物理理论的科普书，我在此基础之上尽可能地补充一些历史脉络，强调贯穿各个理论的核心观念，也会跳出理论框架，从科学哲学角度审视理论大厦。本书不是对当今物理学的全面概述。我在博士阶段研究的课题是高能理论物理，对一些不太了解的领域（例如凝聚态）只好略过，还有一些非常前沿的话题，需要相当深厚的数学功底才能理解，有些还未得到实验的检验，本书也只能略过。

抛开巨大成功不谈，物理学是一门优美的学科，也是一门非常艰深的学科。我无法承诺你读完本书就能理解物理学，但我努力不给你"读完本书就能理解物理学"的错觉。我希望将物理理论中非常重要但相当晦涩抽象的部分尽量诚实地呈现给你，为你设计一条尽量平缓的路径，去试着攀爬一下理论的高峰，然后俯瞰周遭风景，而不只是远远地透过云山雾罩指一下若隐若现的峰顶。为此，我心目中的读者是接受过高等通识教育、对于抽象概念有一定接受和思考能力、非物理专业的物理学爱好者。我不避讳在书中引入数学公式，但不会超出四则运算的范围。我认为数学公式在很多时候是最简洁、最明晰、最准确的解释途径。我不认同"简洁的科普不需要数学公式"的说法，尤其是我认为本书的读者拥有基本的数学阅读能力。

比喻是科普作者常用的方法，但我非常谨慎地使用。比喻方法可行的前提在于，作者和读者在本体、喻体和比喻关系这三者上有着高度的默契；而这在著书中非常困难，因为我无法预计读者的认知背景。当作者用一个日常概念（比如被重球压凹陷的床单）比喻物理概念（比如非平直时空）时，他的脑中有一个明确的范围，即哪一部分是可以类比的，以及类比在多大程度上是准确的；然而作者在使用比喻时常常略过了这些重要信息，读者则只能按自己的习惯自由发挥，导致很多过犹不及的误解。因此，在使用比喻时，我尽量解释清楚比喻关系和适用程度，于是你会看到很多"这个比喻不合适的地方在于……"的表达。

和比喻方法有关的，是日常概念和物理概念的区分，特别是当它们使用同一个词（如时间、空间、质量、能量）的时候。一方面，人们会自然地将日常概念的意向沿用到物理概念中而产生误解；另一方面，物理学的巨大成功常常伴随着世界图景对日常概念的导引甚至侵蚀，使得人们缺失了对另类视角的想象能力。对此，我花了不少精力辨析基础的物理概念，它们与日常概念的区别，以及它们的含义在历史上的演进。这样做不仅是出于对严谨的要求，也希望传达这个观念：物理学是看待世界的一种视角和方法，但它不是，也不应当是唯一的视角和方法。物理学有着无可比拟的普适性与可靠性，也有着明晰的边界。我认为，了解"物理学不能回答哪些问题"，和了解"物理学能回答什么问题"及"物理学怎么回答这些问题"一样重要。

物理学是一门优美的学科，也是一门非常艰深的学科。它提供了对世界的一种理解，一种普适、准确、简洁、时而直观时而晦涩的图景。理解它不是一件容易的事情，但一定是一件值得付出努力的事情。我想以本书带你踏上这样一段旅程。

致谢

这是我的第一本书。写作和出版是与自我对话的奇妙旅程。在这段旅程中，许多朋友给予了我极大的鼓励和支持。

感谢博雅小学堂的赵凌和邓瑾邀请我为中小学生开设线上物理启蒙课程。为孩子打开物理世界的大门意义深远、振奋人心。感谢行距文化的黄一琨和刘诗瑶通过博雅小学堂找到我，建议我著书，帮助我找到理想的出版社，其间给予我许多宝贵的指引和鼓励。感谢图灵公司的魏勇俊和谢婷婷，以无比专业的工作确保本书优质、高效地付梓。感谢王一南为上、下两册精心设计充满巧思的封面，和我探讨物理学知识和科普方法，为我提供宝贵的读者视角。感谢李剑龙博士与我探讨物理学问题。感谢牛帅博士和周慧青博士提供化学专业的指导。感谢郭碧欣和施亦冉提供科学哲学、物理学哲学和科学史的指导并推荐近代粒子物理学的史料。感谢姬十三、李永乐、李剑龙、汪波、周思益、慕明为本书写推荐语。感谢在我本科期间任教于北京大学的吴国盛教授，为我开启了科学史和科学哲学的大门，并提供了看待科学的全新视角。最后，也是最重要的，感谢我的妻子傅爽矢志不渝地支持我，鼓励我追寻自己的价值。

目录

第 1 章

什么是物理学

孩子们总是充满好奇心，盯着大人问"为什么"。有些问题会让大人哑口无言，因为他们自己也解释不清楚。大人不再追问"为什么"，不是因为他们什么都懂，而是因为时间长了，见怪不怪，不再求索。

但是，有这么一批"大孩子"，弄不清楚"为什么"，就会寝食难安。他们非得解释宇宙万物，弄清楚背后的规律和原理。这些"大孩子"，就是物理学家。

你是否思考过：

- 为什么雨后会出现彩虹？彩虹的颜色从何而来？
- 火箭和热气球没有翅膀，为什么会飞？
- 针可以浮在水面上吗？
- 为什么有热胀冷缩现象？
- 如何在不敲碎蛋壳的情况下辨别生鸡蛋和熟鸡蛋？
- 为什么镜子里的自己左右相反，但上下不颠倒？
- 为什么火车经过时，汽笛音调会突然降低？
- 怎么折纸飞机才能飞得远？
- 时间有开端吗？有的话，时间开始之前又是什么？
- 宇宙有边界吗？
- 光有重量吗？

如果你对这些问题感到困惑和好奇，那么你一定会喜欢上物理学，因为物理学恰恰是探索这些问题的学科。

到底什么是物理学？我们很难给出严格的定义——或许读完本书后，你会给出自己的回答。在开篇，我们通过另外两个问题来探寻物理学的边界和内涵。

第一个问题：什么不是物理学？

数学不是物理学。数学研究的是抽象的数、图形、逻辑之间的关系，与我们观察到的世界没有必然联系。无论苹果是掉到地上还是飞到天上，无论是热胀冷缩还是热缩冷胀，一加一都等于二。尽管物理学非常依赖数学来表述它的理论，但数学是一门不依赖感官经验的学科。

政治学、社会学、心理学、生理学、生物学等学科不是物理学。这些学科通常与人有着非常紧密的关系，它们研究人和社会是怎么运作的。人是非常复杂的生物，而生物又是非常复杂的自然现象，研究它们的方法和物理学差别很大。它们不在物理学研究的范围里，但与物理学紧密相关。

神话传说不是物理学。中国古代用雷公电母解释打雷和闪电，用女娲补天解释世界起源；古希腊神话中有智慧之神、时间之神等。这些神话传说通常用来解释各种自然现象，但它们都不是物理学。物理学不仅要解释为什么会有打雷和闪电的现象，还要用同样的理论准确预测明天会不会打雷闪电。雷公电母只能解释现象，无法预测未来。

宗教信仰不是物理学。《圣经》、佛经等都有一套世界体系和运行逻辑，但这些解释依赖许多超出人类感官范围的概念，比如来世、今生、上帝、天堂、地狱等。这些概念既无法被感知，也无法提供精准的预言。值得一提的是，在物理学理论的发展过程中，人们总会构造一些超出当时观测能力的，甚至原则上无法被直接观测到的概念和模型（如基本粒子、量子力学里的波函数）。不同于宗教中的超世概念，这些模型作为理论的内核，服务于可以被实验所验证的预言。

下面讲一个关于引力波的故事。2015 年 9 月 14 日，人类第一次探测到引力波。引力波是广义相对论预言的一种现象。该理论认为，万有引力不是静止的，而是会像水一样波动。两个巨大的天体碰撞，引力场会发生振荡，就像把一颗石头扔到水里，产生的涟漪会一圈一圈地向四周扩散。但是，这个效应非常非常微弱，需要极其灵敏的仪器和强大的计算机才能观测到。早在十几亿年前，两个巨大的黑洞在万有引力的作用下靠近、剧烈碰撞，引发了巨大的引力波。这个时空涟漪旅行了十几亿年后抵达地球，被横跨美国的两个探测器几乎同时观测到。这一消息让全世界的物理学家沸腾，因为它非常精确地验证了爱因斯坦在 100 年前构建的理论。

物理学不仅要解释已经发生过的现象，还要对暂时没有被观察到的现象做出预测。检验物理理论是否正确，需要在未来漫长的时间里不断通过实验和观测去验证理论做出的预测。

第二个问题：物理学的研究对象有哪些？

物理学研究运动和力，研究物体之间的相互作用力如何影响物体的形态和运动轨迹。力学研究地球如何自转和公转，研究物体碰撞之后的运动轨迹，研究水波如何扩散，研究潮汐现象。力学还研究大楼应该如何设计，选用什么材料才能使大楼在风雨中屹立不倒。除了这些地面上的运动，物理学还研究天上的运动，包括行星的运动规律、发生日食和月食的时间、人造卫星的轨道，等等。

物理学研究光。地球之所以有白天和黑夜，是因为光从太阳照射到地面。光是怎么运动的？它有没有重量？光为什么有不同的颜色？彩虹的颜色为什么有顺序？有没有看不见的光？X 光和激光是怎么回事？这些都属于光学现象。

物理学研究声音。人之所以能在手机上听到别人发来的语音留言，是因为声音从一个人的嘴里传到麦克风，以一种方式被记录下来，传到网上存储起来。当你接听语音留言时，手机会从网上下载并播放录音文件，声音从扬声器传到你的耳朵里。在这个过程中，声音是如何产生、存储和传播的？为什么用乐器能演奏出高低不同的声音？在用不同的乐器演奏同一个音阶时，为什么有不同的音色之分？这些都属于声学现象。

物理学研究热。为什么夏天热、冬天冷？为什么摩擦双手可以让手变热？为什么站在熊熊燃烧的篝火旁边会感受到热？热是如何产生、如何扩散的？为什么有热胀冷缩现象？这些都是热学的研究内容。

物理学研究电。自然界中有很多关于电的现象，比如闪电，又比如冬天脱毛衣会听到噼里啪啦的声音，再比如在干燥的冬天摸金属表面时手会被电一下——这些都属于电现象。电已经是日常生活最不可或缺的基本资源，也是现代文明的"血液"。如果一座城市毫无预兆地发生大规模停电，那么恐怕整座城市都会陷入混乱。

物理学研究磁。磁铁同极相斥、异极相吸。指南针的一头总会指向地球的南极。指南针的工作原理是什么？为什么两块磁铁不接触也会产生巨大的吸引力或排斥力？这些都属于磁现象。

自然界中还有一大类现象，属于物质之间的转化，比如木材燃烧成灰烬，铁生锈，强酸腐蚀金属，死去的动植物腐烂等。在古希腊时期，这些现象与其他物理现象的理论界限比较模糊；随着经典物理大厦的建立，炼金术主导了这类现象的研究，形成一种与机械宇宙观① 分庭抗礼的世界图景。随着原子理论的完善，人们掌握了这类现象背后的物理原理，现代化学、医学、微生物学建立起来，这类现象就在现代科学体系中找到了自己的位置。此时，这些现象已经不再基本，也就不属于物理学的研究范围。

在物理学家看来，世界由很多客观现象构成。物理学家的工作，首先是搜集这些现象，从中归纳出最基本的现象，寻找它们之间的关联。这好比玩拼图游戏，第一步是把所有散乱的拼图块放在一起，按照相似的颜色、形状归类整理。之后，物理学家通过一些简单的原则寻找关联，然后进一步寻找更深层次的联系——就像在拼图时把小片连成大片，最后把大片连在一起。物理学家的终极梦想，是对世界有完整且统一的认识。

说到物理学家，也许你的脑子里会冒出一些人名。艾萨克·牛顿（Isaac Newton）可能是最有名的物理学家。他最广为人知的故事是：有一天他坐在院子里休息，看到一颗苹果从树上掉到地上，然后发现了著名的万有引力定律。其实事实远没有这么简单。目前科学史研究更倾向于认为苹果树的故事是后人杜撰的。但可以确定

---

① 第 19 章将展开介绍。

的是，牛顿长期思考了很多关于天体运动的问题：地球、火星、金星、水星、土星为什么绕着太阳转？月球又为什么绕着地球转？各个行星绕太阳转的速度为什么不一样？而且，牛顿相信，支配地面重力的规律，和支配天体运行的规律，其实是一回事。经过计算和推导，他在旷世名著《自然哲学的数学原理》（*Mathematical Principles of Natural Philosophy*）中阐述了万有引力定律，并以此为基础计算出行星轨道①。万有引力定律是伟大的发现。它不仅精确地描述了引力的大小与物体质量和距离的关系，还揭示了一个惊人的事实：整个宇宙中的事物，小到苹果，大到星球，它们背后的规律竟然是一样的。在牛顿看来，上帝用同一种语言来书写宇宙，这是物理学最令人震惊的地方。

物理学是一座大厦，大厦的居民是自然界中的一切物理现象。这些居民不是杂乱无章地分布在大厦里，而是被物理学家分门别类地安排在每个房间里。这座大厦的地基是力学，在此基础上发展出声学、光学、热学和电磁学。大厦结构严密、稳固，能经受来自实验的各种考验。这座大厦被称为"经典物理学"。

在经典物理学大厦即将完工之时，一些细心的建造者发现了一些问题：大厦出现了两条难以弥补的裂缝。在这里修复好了，裂缝就会在另一个地方冒出来。无论怎么修复，都无法彻底弥补这两条

---

① 关于万有引力定律的发现，还有一段历史。英国博物学家、发明家罗伯特·胡克（Robert Hooke）和牛顿关于天体运动有过持久深入的探讨。胡克声称自己在牛顿的著作发表之前就提出了平方反比定律的思想（天体之间吸引力的大小与两者距离的平方成反比），并声称牛顿窃取了他的成果。由于胡克没有发表自己的成果，因此从今天优先权的判定标准来看，牛顿仍被认为是万有引力定律的提出者。

裂缝。但是，物理学大厦是容不得丝毫裂缝的，物理学家都是苛求
完美的建筑师。在做了各种尝试之后，物理学家最终悲哀地发现，
这两条裂缝来自地基深处。只有将牛顿奠定的地基打掉重建，才可
能构建新的、完美的物理学大厦。

这就是发生在一百多年前的物理学革命。物理学家发现牛顿经
典力学是有局限的，它只能解释速度不太快、尺寸不太小的现象，
比如星体、人、苹果等。高速世界和微观世界受另一套规律支配
着。在经典物理学面临危机之时，包括爱因斯坦在内的一大批青年
豪杰前赴后继地提出新颖奇特的理论来重塑物理学大厦的地基，从
而催生了相对论、量子力学和量子场论。狭义相对论揭示了接近光
速的运动规律；量子力学展示了接近原子尺寸的微观世界图景；量
子场论将两者结合了起来。除此之外，广义相对论取代了牛顿的万
有引力定律，成为描述引力的基础理论。

今天，新的物理学大厦还在建造和完善中，仍存在不少瑕疵，
不过所幸没有发现致命缺陷。我们的世界处于比较统一的图景之
中。不论运动速度快慢，不论尺寸大小，我们总能找到一个相应的
理论来解释它们，这些理论通过数学联系起来，成为一幅完整的大
拼图。

不过拼图的比喻有三个值得探讨的问题：第一，物理学探讨
的是世界的真实样貌，而不仅仅是对感官现象的整理和预测；第
二，似乎物理学研究的现象本身就静静地躺在大厦的某个隐蔽角落
里，等待人们去发现；第三，物理学的工作似乎有尽头，也就是拼
图拼完的那一刻。仔细品味引力波的故事，我们会发现，很多所谓
"新现象"是依赖于既定理论的，甚至是由理论衍生出来的。引力

波是广义相对论的预言，如果没有后者，人们就没有"引力波"这
个概念，更不会想到去探测它。今天的新物理学现象，都是在已有
的理论基础上向外拓展，而不是朴素、纯粹的"原初感知"。如果
有一个古希腊先贤穿越到今天，他会觉得"氢原子的吸收光谱是离
散的"这种事情是天方夜谭，而不会觉得"这真是一个有趣的现象
啊"。于是，为了解释现象，人们构造新理论，而新理论本身又有
催生新现象的潜力。物理学不是一个被动发现的过程，而是在和世
界的交互过程中不断生长的过程。此外，世界的"真实样貌"对
物理学理论而言是不是合理和必要的，这个问题在量子力学诞生
后引发了激烈的讨论。这些问题多少超出了物理学的范畴，触及了
科学哲学。我们会在下册的"逻辑实证主义"和"科学的边界"这
两章中详细探讨。

第 2 章

时间与空间

时间和空间是物理学中最基础、最重要的概念。每个人都有关于时间和空间的**原初体验**。现在请你合上书，闭上眼睛，尝试忘记一切从学校和书本上学习到的关于时间和空间的理论，想象一下：

- 你最初是怎么获得时间和空间的观念的？
- 什么是最纯粹的时间和空间？

你恐怕无法给出一个完整、精确的答案。这是因为时间与空间太抽象了，它们无处不在，包容一切，却又不是任何具体的东西。我们只能通过一些意象来间接地描述它们。

说到空间，你可能想到"局促"和"空旷"。上下班高峰期的地铁里，人会被"挤变形"；在空荡荡的房间里说话能听到回声。和宇宙相比，这种空旷不算什么。走出地球、太阳系、银河系和超星系团，宇宙中除了天体孤零零地运行外，就是无穷无尽的空间。

想得更深一些，空间常常意味着场所、环境、气场、氛围。在生态学研究者看来，亚马孙热带雨林充满了丰富、奇特的生态现象，空间被视为学术研究的丰富资源。在拥挤的现代都市，人们渴望拥有足够私密的个人空间，空间代表着一种安全的心理港湾。喧闹的集市、肃穆的法庭、温馨的婚礼、萧索的秋风……人们很难将这些感受归咎于某个特定的事件或细节，它是一种弥漫于空间里的背景渲染。

说到时间，你可能想到"快"和"慢"。猫在眨眼之间能挥动三次爪子；蜗牛一小时都爬不了几米。腐烂变质的蔬菜，额头和眼角的皱纹，是漫长的时间留下的印记。

想得更深一些，和空间一样，时间常常意味着时机、机遇。古人云"天时、地利、人和"，事情的成败不仅要靠主观努力，外部环境同样重要。在这里面，时机是排第一位的，它代表了一种不可知、不可控、只能被归结于命运和气数的神秘力量。人要把握机遇，不要逆潮而动。时间也表现在自然的节律里。无论是依赖气候的农业文明还是依赖季风的航海民族，都不可违抗自然力量的节奏。在不同的文明里，时间都兼有周而复始的圆形意向和滚滚向前的箭头意向。人们相信生命轮回、历史不断重演，也对不可逆转的时间之流充满希望：过去无法改变，未来无限可期。

可见，关于空间和时间的原初体验是非常丰富的，这种体验镂刻在生命感知的最底层。然而，在物理学中，这种丰富的体验被剥离了出去。一切具体的事件和现象都不是**纯粹**的时间和空间，它们是时间和空间中的**现象**。纯粹的空间无边无际，处处一致且均质；纯粹的时间无始无终，朝着一个方向永恒流淌。它们是容器，是舞台。宇宙中发生的一切事情，都是在这个舞台上呈现出来的演出。如果一切事物和现象突然消失，那么剩下的就是纯粹的时间和空间。

与这种抽象、去质化的"容器时空观"比较接近的哲学思想，来自 18 世纪德国古典哲学家伊曼纽尔·康德（Immanuel Kant）。在他的巨著《纯粹理性批判》（*Critique of Pure Reason*）中，时间与空间属于"先天感性形式"的范畴。人生而具有时空的观念，它们不是从经验中归纳总结出来的概念，而是一切直观经验的基础。这好比水瓶不是因为水的形状而呈现圆柱体形状；相反，水倒在水瓶里才呈现圆柱体形状。世界通过时间和空间这唯一的途径，向人呈现其表象。与物理学不同的是，康德将时空视作人的（先天）属性，而不是外部世界的属性。而在物理学中，时空是一切物理现象的舞台、背景、容器。

需要强调的是，物理学中的时空，无法也不应该取代关于时间和空间的丰富的原初体验。所以，本章更准确的标题应该是"物理学的时间与空间"，以区别于更广阔丰富的时空观念。科学（特别是物理学）的巨大成功常常伴随着世界图景与日常概念的导引与侵蚀，使得人们缺失了对另类视角的想象能力；科学史教育的缺位，也让人们接受了静态的科学图景。时间和空间是非常典型的例子。尽管本书立足于当今物理理论体系，不奢望提供完整的历史视角，但是我尽可能地将阐述置于一个更广的背景中。

在物理学诞生之前，人们的时空观是什么样子的？不同文化下的时空观不尽相同，我们择一而述。我们沿着当代物理学的脉络回溯，从古希腊哲学家亚里士多德（Aristotle）的《物理学》中寻找线索。这部著作将在本书中被反复提及，作为"前物理学"时期的代表理论，与当代物理学观念作对比。古希腊在哲学、逻辑学、数学、政治、诗歌、戏剧、音乐等诸多领域开宗立派并且达到了极高的水准，亚里士多德是其中一位百科全书式的学者。这部著作虽然称为《物理学》，但与本书讨论的物理科学大相径庭，更准确的称呼是"自然哲学"，即探讨关于自然的学问。

与康德的时空作为先天感性形式形成鲜明对比，亚里士多德的空间观完全来自经验。他认为，人所获得的空间观念，来自"处所"这种原初经验，即事物所占据的**位置**和**体积**。它既不是物体本身，也不是构成物体的材料，而是规定物体边界的"限"。它像一个容器，但它本身不会动。物体在空间中移动，表现为其不断改变处所。同一个空间既不能同时容纳多个物体，也不能不容纳任何物体 ①。

　　并不是所有处所的属性和地位都相同。亚里士多德认为，世界万物的运动 ②，其根源或来自其他物体（被动运动），或来自自身（自然运动），归根结底来自几种基本元素的内在推动力。每种元素都具备某种运动的潜能，物体的运动就体现为这种潜能的实现过程。比如，土元素和水元素具备向下运动的潜能，火元素和气元素具备向上运动的潜能。这就解释了石头会落向地面，而火焰冲向天空 ③。在这两种运动中，"下"与"上"是绝对的方向 ④，分别指向宇宙的中心和宇宙的外围 ⑤。于是，整个空间被划分为不同的区域，每个区域被赋予了特定的含义，即某种元素按其本性所趋向的地方，也就是它的最终归宿。可见，亚里士多德的空间不像当代物理学中的那样抽象、平坦、处处相同，它不仅和物体密切相关，也承载了物体的运动形态。

　　时间与运动的关联更为密切。亚里士多德说"时间是运动的数"。有了时间，整个世界的运动就可以映射到一条一维数轴 ⑥ 上，

---

① 亚里士多德驳斥不包含任何物体的空间，即"虚空"。

② 广义的运动不仅包括位移，也包括性质变化（如冷热变化）、量的增减。

③ 亚里士多德对"力"的理解仅限于宏观物体之间的接触力。这两种运动没有其他接触物体，不受力，不属于被动运动，只能属于自然运动。

④ 区别于"前""后""左""右"这些相对物体本身的方向。

⑤ 当时人们认为地球处于宇宙的中心。

⑥ "数轴"是 17 世纪法国数学家勒内·笛卡儿（René Descartes）提出的概念，此处引用以帮助理解。

每一个时刻（已经发生过了和将要发生的"现在"）都可以用一个数来标记。我们既可以用这些数表达事件发生的先后顺序，也可以用两个数之差表达一段时间的长度。光凭这点似乎与近代物理学的时间观念一致，但是亚里士多德明确指出：人们是在运动中感知时间的，所以时间不能脱离运动来定义。如果某一刻世界上**所有运动**突然停止，过了一会儿恢复，那么这段空白在时间数轴上是不存在的，空白前后的两个时间点是同一个"现在"，应当被标记为相同的数。他类比道：我们说"五匹马"的时候，既在用"马"计量"五"（马作为五的单位），也在用"五"计量"马"（计数共有几匹马）；与之类似，我们用运动计量时间，也用时间计量运动。

相反，当代物理学的时间是不依赖于任何运动的。它就像一条独自、绝对、均匀、永恒流淌的河流。亚里士多德的时间观被奥地利物理学家和哲学家恩斯特·马赫（Ernst Mach）继承下来，进而影响了爱因斯坦的时空观。我们会在下册的"逻辑实证主义"一章中展开介绍。

回到当代物理学。物理学的时空几乎等同于对时空的度量。物理学必须用一套统一的时间和空间**标度**一切事件——这是整个物理学得以成立的基础。比如，我今天早上起床，洗漱完毕后吃早饭。"吃早饭"这个事件用时间和空间来标度就是：（早上 8 点，家里餐厅）。相应地，吃午饭事件被标度为：（中午 12 点，学校食堂）。有了这种标度方式，物理学就可以用所有人公认的方式标记宇宙间发生的一切事件。只有在这点上达成共识，人们才能进一步分析这些事件背后的规律。

在物理学所标度的时空系统里，世界呈现出什么样子？

　　首先介绍数学和物理学中频繁使用的一个概念：**数量级**。在探讨问题时，人们常常不太关心一个数的精确值，只要知道它的大概范围即可。如果两个数相差 10 倍以内，我们称它们"在同一个数量级里"；如果数 A 是数 B 的 10 倍左右，我们称"A 比 B 大一个数量级"，或"B 比 A 小一个数量级"；如果差距是 100 倍左右，就称它们相差两个数量级，以此类推。注意，数量级的差别和单位无关。只要 A 和 B 使用同一个单位，无论这个单位是什么，它们的倍数关系都是不变的。

　　先看看物理学研究的空间有多大。

　　我们以人为中心，一步步升级空间的尺度。人的身高一般是一两米，即人的空间尺度是 1 米左右。比人大一个数量级，也就是尺寸在 10 米左右的有什么呢？比如大象。比大象大一个数量级的是飞机。波音 747 飞机的长度为 100 米左右。比飞机大一个数量级的是迪拜的哈利法塔，它是世界上最高的建筑，高度是 1000 米左右。再上升一个数量级是马拉松长跑距离。再升一个数量级，差不多是北京市的宽度；比北京大 10 倍的是意大利；比意大利大 10 倍的是亚洲。亚洲已经很大了，但它和宇宙的尺度相比还差得远。

　　下面我们跳出地球，进入宇宙。离我们最近的星球是月球，它到地球的距离比亚洲的尺寸大两个数量级，约为 384 400 000 米。此时，或许你对"米"这个计量单位已经麻木了。让我们转换视角，用另外一种描述距离的方式，即一束光走这段距离需要用多少时间。光是世界上运动速度最快的事物，光速无法超越。光有多快呢？一束光从地球到月球，只需要大约 1.3 秒。

就与地球的距离而言，太阳比月球要远，光从太阳到达地球需要 8 分钟，所以我们感受到的阳光其实是太阳在 8 分钟前发出的。太阳系有八大行星（以前是九大行星，2006 年冥王星被排除出列），其中离太阳最远的是海王星。从太阳到海王星，光要走 4 小时。太阳系是银河系的成员之一。和太阳系相比，银河系大得惊人。光从银河系的一端走到另外一端，需要 10 万年！然而，在浩瀚的宇宙里，银河系只是微不足道的一员。宇宙不是无限的，它有边界。根据宇宙大爆炸模型，宇宙的边界在不断扩张。从宇宙大爆炸至今，可观测宇宙的半径扩张到了 465 亿光年，光要走 46 500 000 000 年才能到达今天的宇宙边界。在人类的尺度看来，宇宙极其庞大。

认识了宇宙的大，我们再来看看物理学研究的空间可以有多小。

还是从人出发。以人的平均身高为参考值，这个尺度约为 1 米。比这个尺度小一个数量级的是 10 厘米，大约是一个鸡蛋的大小。比鸡蛋小一个数量级的是蚂蚁，比蚂蚁再小一个数量级的是盐的颗粒。比一粒盐小一个数量级的是头发丝或者纸张的厚度——这差不多是肉眼能看到的极限，但还远远不到物理学家所研究的"小"。

肉眼看不到的东西，需要借助显微镜才能看到。比头发丝小一个数量级的，是血液里的白细胞和红细胞。比血液细胞小一两个数量级的，是病毒。比病毒小一个数量级的是 DNA（脱氧核糖核酸），也就是遗传物质。比 DNA 再小一个数量级，就到了纳米级。我们说的纳米材料，研究的就是这个级别的物质结构。水分子是纳米级的。比水分子更小的是氢原子。氢原子还不是最小的粒子，它由质子和电子构成。质子非常小，比氢原子小了五个数量级，也就是说，如果将质子紧密地排布在一条线上，那么一个氢原子约有十万个质子那么大。如果考虑三维空间，那么氢原子的体积比质子大 13 个数量级，也就是说，如果把质子紧密地排布在一个立方体里，那么一个氢原子约有十万亿个质子那么大。

质子和中子所在的数量级是物理学家能够确认的最小尺度。再微观的结构，对物理学家来说还停留在理论层面，没有确凿的证据。现在物理学家普遍认为质子和中子还不是最基本的粒子，它们都由更小的夸克构成。夸克比质子、中子还要小 3～7 个数量级。

既然宇宙有边界，那么反过来，是否存在"最小的空间"呢？在今天的理论框架里，它是"普朗克长度"，也就是量子力学所规定的尺度极限。目前尚没有一个被广泛接受的理论来研究比它更小的尺度。普朗克长度比夸克还要小十几个数量级。

经历了一番"大人国"和"小人国"之旅，我们再来看看时间的尺度。

还是以人的尺度为标准。人的心跳频率大约是 1 秒 1 次。比人的心跳快的是蜂鸟扇动翅膀的速度，蜂鸟翅膀每秒可以扇动 100 次。比蜂鸟扇动翅膀的速度快的有很多，比如计算机的运算速度。人类计算"1＋1＝2"需要花 0.1 秒，而计算机 1 秒可以做 10 亿次这样的基本运算。物理学家研究的时间比计算机运算的时间短得多。就像空间一样，在今天的理论框架里，也存在"最短的时间"，它叫"普朗克时间"，目前尚没有一个被广泛接受的理论来研究比它更短的时间。普朗克时间比 1 秒小 43 个数量级。

反过来，我们看看长的时间。人的寿命一般不超过 100 岁。人类文明发展到现在差不多有 5000 年。其实文明在人类历史上出现得非常晚，人类已经有数百万年的历史了。人类在地球上是非常年轻的生物，地球已经存在了 45 亿年。和宇宙相比，地球显得非常年轻。宇宙在 138 亿年前发生了剧烈的爆炸，世间万物都在这场爆炸后慢慢演化，经历了 138 亿年才变成今天的样子。假设宇宙大爆炸发生在一年前，那么人类文明在大约 11.4 秒前才出现。

无论大、小、长、短，物理学研究的时空都远远超出了人的尺度。令人惊叹的是，物理学家用少数几套理论解释了所有时空尺度的现象。不仅如此，物理学家还挑战时空度量的基础，揭示了时间与空间、时空与物质的奇妙联系。我们会在有关相对论的一章中介绍这些美妙的理论。

第 3 章

粒子宇宙图景

"粒子、宇宙、图景"——是不是这三个词你都认识，放在一起却不知道是什么意思？粒子宇宙图景，是物理学的核心宇宙观。

之前说过，物理学家试图用一套统一的理论来描述和解释一切可以观察到的最基本的自然现象，并做出精确预测。当我们理解一样东西时，一个朴素的想法是：它是由什么**构成**的？

你有没有玩过乐高？乐高是一些形状规则、色彩缤纷的积木小块。这些积木小块可以完美地互相嵌合，拼成各种模型。这些模型小到蛋糕、冰棍，大到楼房、体育场甚至城市，都能模仿得惟妙惟肖。乐高呈现出如此强大的可塑性，它背后的原理却异常简单：如果把乐高模型拆解到最小的单元，你会发现它们看起来其实差不多，是一块块非常小的立方体，上面有一个个圆形凸起。这些凸起能够严密地嵌入到另一个方块里。立方体的形状种类很有限，每种形状有若干种颜色。乐高对标准化的质量把控极其严格：两块形状相同的立方体完全可以互相替代。如果在一个模型中拿出这样的两块立方体，互相交换，那么这个模型应该和交换前是完全一样的。我们给这些立方体起个名字：**基本粒子**。

既然乐高可以呈现丰富多彩的世界，那我们的宇宙有没有可能像乐高世界一样，是由许多微小且相似的基本粒子堆砌形成的呢？在物理学家看来，答案是肯定的。如果将宇宙万物不断拆分，那么拆到最后就是大量种类有限、尺寸非常小的基本粒子。这些粒子之间相互吸引或排斥，就像乐高一样拼搭起来成为人类观察到的宇宙。物理学家的工作之一，就是找到这些基本粒子，发现它们相互作用的规律，来解释宏观现象。

知道物体是由什么粒子构成的还不够。就像乐高一样，同样的粒子通过不同的组合，会产生千差万别的结构和形态。以水为例，在常温下，水是液体；加热烧开，水会变成气态的水蒸气；降低温度，水会凝结成固态的冰，在某些情况下还会形成漂亮的雪花。水、水蒸气、冰、雪花，它们是由同一种粒子（水分子）构成的。为什么同样的粒子会产生如此迥异的形态？

一个水分子由三个原子构成，它们首尾连在一起，形成一定的夹角。三个原子中最大的是中间的氧原子，两边小的是氢原子。由于电荷分布不均，水分子之间有微弱的吸引力。处于液态时，水分子可以自由流动。随着温度升高，水分子运动加剧，试图排斥来自其他水分子的吸引力，在空气中横冲直撞，形成气态的水蒸气。降温到零摄氏度以下，水分子的运动变慢，互相之间整齐地排列在一起。氧原子和氢原子以一种稳定的结构互相支撑，水开始凝结成固态的冰。冰的晶体结构不是单一的，在不同的温度和压强下会形成不同的结构。雪花是固态水的形态之一，用放大镜看能观察到漂亮的六边形（见图 3-1）。

水分子不是最基本的粒子，它由氧原子和氢原子构成，原子是比分子更基本的粒子。进而，人们发现原子内部还有结构，可以拆分成电子和原子核。起初，人们想象电子在轨道上绕原子核高速旋转，就像人造卫星绕着地球旋转一样。但是，通过量子力学，人们发现微观世界的形态与宏观世界截然不同。我会在"原子结构"一章中详细解释。

图 3-1 雪花的六边形结构

随着探索的深入，人们发现原子核内部还有结构，可以进一步拆分成质子和中子，它们紧紧地抱在一起，构成原子核。今天，物理学家普遍认为质子和中子可能是由更基本的粒子构成的。这种基本粒子是夸克，它们通过另一种基本粒子（胶子）绑定在一起。未来是否会发现比夸克更基本的粒子？很有可能。在粒子宇宙图景之下，物理学对基本粒子的探索是没有止境的。今天，所有已知的基本粒子被整理在一张表格里，这张表格称为"标准模型"，它之于物理学如同元素周期表之于化学一样重要。

物理学大致可以分为两个阶段：第一阶段是以牛顿力学为代

表的经典物理学，第二阶段是以相对论和量子力学为代表的近代物理学。在经典物理时代，人们认为一切物体，甚至一切现象都可以归结为粒子。刚才我们解释了物体可以归结为粒子。如何理解"将现象归结为粒子"呢？

光是一种现象。早期的一些物理学家认为光是一种粒子。一束光从太阳射到地球，把地面照亮，是因为光粒子从太阳传到了地球。声音也是一种现象。以前人们认为声音是通过声音粒子传播的。我说话时，这种声音粒子从我的嘴里发出，传到对方的耳朵里。热以前也被认为是一种粒子。我站在篝火边上感受到热，是因为热粒子从篝火传到了我身上。在经典物理学逐渐完善之后，人们发现这些朴素的粒子理论不适用了，它们无法解释光、声、热的许多细节。这些现象需要由更复杂的粒子运动解释，包括有规律的波、振动和无规则的碰撞等。我会在之后的章节中详细介绍这些理论。

图景是指看待世界的基本框架。粒子宇宙图景是指物理学家看待和分析宇宙万物的基本思维方式：首先将它们拆分成基本粒子，然后研究粒子之间的相互作用力，以及这些力如何影响粒子的运动。了解基本粒子的运动规律，就可以了解物体整体的性质——这就是"粒子宇宙图景"的含义。粒子宇宙图景是一种还原论思想。注意，这不是看待世界的**唯一**方式，但这是当今物理学家看待世界的方式之一。

回到最初乐高的比喻，它有两个不恰当之处。第一个不恰当之处是，乐高积木必须严丝合缝地拼搭起来，而基本粒子之间并不通过"接触"来组合。基本粒子是没有体积的，它们在数学上都是零维的点，所以没有宏观意义上的"边界""接触"等概念。它们之间通过力来影响对方的运动，或者达到平衡，而力通常是两个点粒子之间距离的函数。这多少有些违背日常经验，因为生活中的大部分力是通过接触来传递的。这个问题也一直困扰着牛顿，特别是当他发现万有引力可以通过真空传递，而不需要任何物质媒介时。在当时，这种"超距作用"还暗含着引力的另一个性质，即"即时"作用：一个物体质量的改变会**立刻**决定另一个物体感受到的引力大小。在狭义相对论里，即时作用违背了因果性（在物理学中更准确的说法是"局域性"），是被严格禁止的。然而这些问题都超出了牛顿时期的理论框架和数学工具，直到电磁理论成熟后，人们才通过"场"的语言描述和解决这些问题。我们会在关于电磁学和相对论的章节里展开讨论。

乐高比喻的第二个不恰当之处是，它的成品大多是静态的，而基本粒子之间通过力不断改变着运动状态，包括位置、速度、加速度等。对于大部分物理现象而言（即使是宏观上看似静止的现象），复杂的微观运动模式比构成物体的粒子种类更为重要；粒子种类的不同，恰恰体现于粒子间力的形式，而不是像乐高那样由形状和颜色来区分①。

粒子宇宙图景是经典物理学的核心图景。随着现代物理学的发展，物理学的"实体本位"观念发生了两次晦涩但深刻的变革，分别是"粒子本位"转向"场本位"，进而转向"对称本位"。我会在关于近代物理学的章节里介绍这些观念转变。值得一提的是，实体本位的转换并没有削弱粒子宇宙图景的地位，人们依然广泛地使用粒子的语言来描述理论（广义相对论是一个顽固的例外）。

---

① 基本粒子都是点粒子，没有宏观意义上的形状和颜色概念。

|第 4 章|

运动学

我们为宇宙搭建好了舞台：时间和空间。我们发现了构成宇宙万物的最小单元：基本粒子。下一步，就要研究基本粒子如何在时空舞台上表演——这个研究叫"运动学"。

如果说空间可以用"大"和"小"来区分，时间可以用"长"和"短"来区分，那么运动可以用什么来区分呢？你或许立刻想到的是"快"和"慢"。在物理学中，描述"快"和"慢"并不像描述空间和时间那样直观。我们用不同的方式定义这组概念。

首先聊聊大家比较熟悉的概念：速度。物体在**运动**，意思是它在不同的时间出现在不同的空间，或者说它的空间位置随着时间发生变化。速度就是描述这种变化的剧烈程度的物理量。它被定义为物体在一段固定的时间（称为单位时间）内移动的距离。百米短跑世界纪录在 10 秒以内，意思是世界上跑得最快的人能在 10 秒内跑完 100 米，平均每 1 秒（时间）至少跑 10 米（空间），这就是运动员的速度。正常人步行的速度约为每秒 1.5 米，比人慢的动物有很多：蜗牛每秒爬 1.5 毫米，折算成每小时爬 5.4 米，也就两三步的距离。乌龟的速度是每秒 2 厘米，折算成每小时爬 72 米。鱼虽小，但在水里游泳的速度很快，即大约每秒 1 米，和人的步行速度差不多；苍蝇更小，但飞起来非常快，即大约每秒 5 米，人要跑步才能赶上。

比人快的动物还有很多，比如野兔每秒能跑 18 米[1]，人已经远远追不上了。世界上跑得最快的动物是猎豹。猎豹每秒能跑 30 米，追逐猎物时体态极其优美。你在心里默数三个"嘀嗒"，猎豹就能从足球场的一个球门跑到对面球门。人类通过工程技术，发明出速度远超任何动物的机械，比如汽车、火车和飞机。F1 赛车速度能

----

[1]　出于说明目的，这里仅给出近似的数，下同。——编者注

达到每秒 100 米，民航飞机每秒 250 米。自然界中也有许多速度
很快的现象，比如声音在空气中的传播速度大约是每秒 340 米，比
这个速度快的飞机就是超声速飞机。地球在自转，赤道上的自转速
度最快，达到每秒 460 米。地球还绕着太阳公转，公转速度是每秒
30 000 米。世界上是否存在速度最快的现象？有，那就是光。根据
狭义相对论，世界上不存在比光更快的物体或现象。光在真空中的
传播速度高达每秒 3 亿米。

　　以上例子所描述的速度都是一种"过程"概念，即物体移动
的距离和经历时间的比值。这个概念，更准确地说是"平均速度"。
它在描述大部分日常经验时或许足够了，但在描述更细致的运动行
为时就显出不足。比如，一个球从高处由静止落向地面，初始没有
速度，在重力作用下逐渐加速，落到地面时速度最大。如果我们讨
论这个过程的"平均速度"，即球落地时总下落距离与总下落时间
的比值，就无法刻画整个落体的加速行为。因此，需要从作为"过
程"的速度概念引申出作为"状态"的速度概念，描述物体在每时
每刻的运动快慢。这个描述听上去有点儿自相矛盾：物体在某一刻
根本没有动，怎么会有速度呢？这恰恰是古希腊哲学家芝诺（Zeno
of Elea）提出的运动悖论之一："飞矢不动"，即"一支飞行的箭，
每时每刻都具有特定的位置，因而是静止的"。为了解决这个悖论，
必须在数学上引入"极限"的概念，即在此时此地，经历了一段极
短的时间后，物体的平均速度。这段时间可以是 1 秒、1 毫秒、1
微秒……关键在于，当时间足够短后，物体在这刹那间的运动快慢
没有变化，或者说即使有变化，在我们所讨论的范围内也完全可以
忽略不计。在数学上，我们用"无穷小"这个概念——它比零大，
但要比任何具体的时间间隔都小。于是，我们可以用这个刹那间的

平均速度代替这一时刻的"瞬时速度"，它是一个状态概念。也正因如此，我们在描述瞬时速度时不需要指明它是 1 毫秒内的平均速度，还是 1 微秒内的平均速度。它就是"此刻"的速度。

只有定义了瞬时速度，才能描述物体运动的另一个重要指标：加速度。速度描述的是空间位置随着时间的变化，而加速度描述瞬时速度随着时间的变化。比如同样是跑步，A 需要花 3 秒达到每秒 5 米的速度，而 B 只需要 1 秒就能达到同样的速度，那么 B 的加速度就比 A 要大。F1 赛车只需要两三秒就能达到每秒 30 米的速度，其加速度非常大。重力产生的加速度是恒定的。在不考虑空气阻力的情况下，从楼上向下扔一个球，球的下落速度每秒会增加一个恒定的数值——9.8 米 / 秒。重力对所有物体产生的加速度是相同的，不论是铁球、木块还是砖头，在自由落体时每秒增加的瞬时速度都是一样的。和"瞬时速度"的技巧一样，我们可以考察一段极短时间前后的瞬时速度变化，定义此刻的"瞬时加速度"。

与其说短跑比赛比的是运动员的速度，不如说比的是运动员的加速度。如果你的加速度很小，慢悠悠地加速，尽管你可能最终能获得很高的速度，但你的对手早已迅速获得很高的速度，率先冲向终点。加速度的大小主要是由腿部肌肉的爆发力决定的。运动员使劲向后蹬地面，地面通过摩擦力给运动员向前的反作用力，让运动员加速。因此，对短跑比赛来说，强健有力的腿部肌肉是致胜关键。

加速度不仅能改变物体运动的速度大小，也可以改变物体的运动方向。举例来说，用绳子拴着一个小球，手牵着绳子的另一头，将小球甩起来，使其做圆周运动。在转动过程中，手会感受到绳子的拉力。同样，小球也会受到来自绳子的拉力，这个力对小球产生了一个叫"向心力"的效果。向心力给小球一个加速度，让小球在旋转过程中不断偏离原来的运动方向。尽管小球的速度大小没有变，但它的运动方向不断发生改变，这就是加速度的效果。

其实太阳与地球的关系和拉绳子抡小球非常相近。地球之所以会绕着太阳公转，是因为它像小球一样受到一个指向圆心的力。这个力就是太阳和地球之间的万有引力。

加速度既可以改变物体的运动速度，又可以改变速度的方向，当然也可以同时包含两个效果。这一点在坐过山车时感受特别明显。如果仔细体会，你会发现过山车座位给你的力的变化和加速度是紧密相关的。我会在后面介绍牛顿定律时揭示它们的联系。

以上关于速度、加速度的定义是相当现代的，早先人们关于运动只有模糊的"快"与"慢"之分。亚里士多德在《物理学》中花了大半本书的篇幅讨论物体的运动。他认为世界由四种元素构成，分别是水、火、土、气。世间万物都由这四种元素以不同配比组合而成①——这个体系看上去和粒子宇宙图景很像，但这些抽象的元素不是具体的粒子。四种元素各自运动、相互转化，形成我们看到的世间万象。四种元素背后有两两对立的四种性质：热、冷、湿、干。气的性质是热和湿，火是热和干，水是冷和湿，土是冷和干。将水加热，其中冷的性质变成热的性质，水就会转化为气——这些都很符合日常直觉。

亚里士多德对"力"的理解是朴素的接触作用力，不外乎推、

---

① 亚里士多德之后在另一本著作《论天》中提出，这四种元素掌管着地球及其附近的世界（直到月球），更外围的宇宙充斥着第五种元素：以太。

拉、带、转四种形式。对于像重力、浮力这些无法归类至这四种形式的力，被他归为物体自身的内驱力。如第 2 章指出的，他认为每种元素都有自己的终极处所，具备这种元素的物体就会自发地向它的归宿运动。比如拿起一块石头，一松手，石头就会落向地面，这是因为构成石头的主要元素是"土"，而大地是土的最终归宿；篝火熊熊燃烧，火焰向上，是因为火元素是"轻性元素"，最终归宿是天空。于是，运动分为两类：来自自身驱动的自然运动，以及来自接触物体的被动运动。通过日常经验，他得出结论：力是产生和保持运动的原因。如果是被动运动（比如推一个箱子），那么力越大，箱子运动得越快；力停止，箱子静止。如果是自然运动（比如石头下落），那么石头越重，含有的土元素越多，自然内驱力越强，运动速度越快；直到遇到障碍（落到地面）或抵达终极归宿（抵达地心），石头才会静止。此外，介质的疏密程度也会影响物体的运动速度。以同样的力推动一个物体，在稠密的水中要比在稀薄的空气中慢。以这个理由，亚里士多德反驳了"虚空"的存在，因为虚空意味着不包含任何物体，无限稀疏，物体通过时就会获得无限大的速度，这有违常识。

被动运动需要推动者，推动者本身的运动或者是被动运动，或者是自然运动。如是前者，它也需要推动者……如此回溯一定有尽头，因此归根结底所有运动都来自元素内驱力。整个空间已经为每种元素的终极归宿划分好了区域，当物体抵达此处时就会停止运动。因此，所有运动一定被局限在某个有限的空间范围之内，不允许沿着一条直线无止境地前进。在所有运动中，圆周运动是唯一无限、单一、连续的运动。一方面，时间的度量必须通过稳定的循环运动来计数，圆周运动是最好的选择，所有其他运动都通过圆周运动来计数；另一方面，圆作为完满、对称的形状，理应成为最优的运动形态，因此天球的轨迹都是圆（当时人们不知道天球轨迹其实是椭圆）。

亚里士多德的运动理论总体来说完整、自洽。它有机地整合在亚里士多德的整个哲学体系中，也比较符合直觉。但是，这套理论在许多细节上经不起推敲。比如，向上抛石头，石头脱离手后还会向上继续运动一段距离才下落。这段时间没有接触力，是什么推动它向上运动呢？亚里士多德含糊牵强地解释为：手向上抛的时候，带动了周围的空气，这些往上流的空气继续推动石头向上运动了一段距离。此外，这套理论经不起数量上的追问。我们可以理解一块石头比一根羽毛更快落地，但是一块 10 千克的石头，下落速度真的是 1 千克的石头的 10 倍吗？

亚里士多德的运动理论统领了物理学将近两千年，直到伽利略·伽利莱（Galileo Galilei）横空出世[①]。伽利略活跃于 16 世纪至 17 世纪的意大利，他是一位融贯数学和物理学的天才。在物理学里，他对当时几乎每一个领域（运动学、动力学、流体力学、热学、天文学）都做出了奠基性的工作。伽利略被誉为近代物理学之父，这是因为他奠定了近代物理学乃至近代科学的两块基石：数学和实验。伽利略设计了大量思想实验和量化的真实实验，提出被后世总结为惯性运动定律和惯性参考系的思想。该思想成为牛顿经典力学的基本框架。

一个有机、完整的理论体系固然令人赏心悦目，但也会成为理论发展的障碍。在伽利略看来，探讨物体运动的目的与根源，就是这种无谓的牵绊。我们不妨忘掉这些宏大的构架，将目光聚焦在物

---

① 作为区分，我在本书中将从亚里士多德时期到伽利略时期的物理学称为"前物理学"。

体运动的细节上。

伽利略在他的划时代巨著《关于托勒密和哥白尼两大世界体系的对话》里虚构了 3 个代表新旧世界观对话的人物，通过一系列思想实验和概念归谬，假借他们之口批驳亚里士多德的宇宙观和运动理论。按亚里士多德的理论，力是运动的原因，物体在平面上的运动速度与所受的力成正比。力消失后，物体很快就会停止运动。但是，伽利略认为"力消失后，物体很快就会停止运动"是武断的推论。如果我们给物体安装轮子，在接触面抹上一层油，那么物体在停止前所经历的距离会增加。由此推断，如果我们可以构造出完全没有阻碍、绝对光滑的理想平面，那么这段距离就会无限延长，也就意味着物体可以按原来的速度、沿着原来的方向无限运动下去。伽利略设计了斜面上的运动物体的思想实验：如果斜面向下，物体就会因向下的运动趋向而加速；如果斜面向上，原本向上运动的物体会因为向下的运动趋向而减速，到达顶峰后返回加速向下。伽利略据此提出疑问：如果是绝对光滑的平面，情况会怎样呢？运动中的物体既没有向上也没有向下的运动倾向，又没有阻力，即没有任何加速或减速的原因，于是它应该保持原来的运动状态永远继续下去。

对于"重量决定速度"的批驳，伽利略在他的另一本著作《关于两门新科学的对话》中提出一个精彩的思想实验：如果越重的物体下落速度越快，那么将两块重量不同的石头绑在一起的话，其下落速度如何？一方面，较轻的那块石头因为下落速度较慢而拖慢重石头，导致整体下落速度介于两块石头各自的下落速度之间；另一方面，将捆绑起来的石头看作整体的话，由于它的重量比任意一块石头都大，因此它应该下落得比两块石头都要快。这和之前的推论矛盾。只有石头下落速度与重量无关，才能避免这样的矛盾。

　　既然力不能决定速度，那么它能决定什么呢？伽利略着眼于重力影响下的运动，包括自由落体、平抛运动、斜面运动等。通过对斜面运动的仔细测量（他当时没有非常精确的计时仪器，靠自己的脉搏、单摆来计时），他发现从静止开始加速运动的物体，其移动距离随时间呈平方关系 ①，而且每一段时间的平均速度与时间成正比——这意味着，物体经历着匀加速的过程。伽利略定义了速度、匀速运动、匀加速运动（他称之为"自然加速运动"），也有了瞬时速度的概念。尽管当时的数学工具和实验能力尚无法严格定义和测量任意时刻的瞬时速度，但伽利略找到了巧妙的替代方案：他将斜面底部连一段水平面，那么物体滑落到底部后会以此刻的速度在平面上匀速运动，只要测量物体在平面上的平均速度就可获知它在斜面底部的瞬时速度。伽利略还敏锐地意识到匀加速运动中瞬时速度与平均速度的关系，即一段匀加速运动的平均速度是其始末瞬时速度的均值。

　　亚里士多德对于抛物运动的解释含混不清。当物体脱离手后，它不会立刻因土元素的自然驱动而向下运动，而会沿着原来的方向继续运动一段距离。亚里士多德认为在抛出物体那一刻，手带动了周围空气的运动，空气推动物体继续运动一段距离。伽利略指出，空气或许可以推动像棉花这样轻的物体，但对石头的效果是微乎其微的。而且，既然越轻的物体越容易被空气推动，那么一团棉花应该比一块石头抛得更远，但这有悖于经验。伽利略认为，平抛运动

---

① 比如，在第一秒内移动 1 米的话，那么在前两秒内移动的距离是 4 米，前三秒内移动 9 米，以此类推。

应该视作水平方向的运动和竖直方向的自由落体运动的结合。前者和绝对光滑平面上的运动是一回事，即匀速直线运动。他设想一艘匀速前进的大船，从桅杆顶释放一块石头，它应该刚好落在桅杆底。尽管在地面上的人看来，桅杆顶上的人没有向水平方向用力推动石头，但是由于桅杆本身随着船前进，因此石头获得了水平方向的速度，实质上经历了平抛运动。在整个下落过程中，石头的水平速度与船前进的速度刚好抵消，导致石头每时每刻都沿着桅杆下落。在船上的人看来，石头下落的轨迹与船静止时石头下落的轨迹毫无二致。这就是惯性参考系思想的雏形，这个思想对牛顿的经典力学和爱因斯坦的狭义相对论都至关重要。

一旦将力与加速度而非速度联系起来，人们就发现很多运动现象可以归结为力的推动，包括亚里士多德眼里的自然运动和天球运动。这意味着，基本元素、天然处所、目的因、圆满的圆形轨迹等假设对于解释运动现象来说都是不必要的。只要找到了"力"，就可以计算出加速度，进而推演出完整的运动轨迹。这个思路转变为牛顿的第二定律和万有引力定律打下了坚实的基础，后者将地上的苹果和天上的星球统一了一个运动理论中。现代意义上的物理学从此正式发端了。

伽利略并没有在亚里士多德的框架内提出针锋相对的理论。他选择忽视了一部分在亚里士多德看来无比重要的问题，着眼于在时间和空间中呈现的运动的量。这是一种典型的范式转换①。伽利略开拓了新的研究问题和方法，即高度数学化、基于实验的运动学。这套方法在笛卡儿、牛顿等一批后继者的发扬光大下，奠定了今天物理学的基调。我们会在第 19 章中详细讨论它带来的思想变革。

———————————————

① 下册末章"科学的边界"将详细讨论范式转换。

第 5 章

力

到现在为止，我们已经提到了不少次"力"：万有引力、重力、摩擦力、拉力、向心力……我们在生活中有许多关于力的体验：力气大的人能搬动重物，用力能挤爆气球、折断树枝，大腿肌肉发达的人能跑得更快，摔到地上会疼……但是，准确定义"力"并刻画力的大小并非易事。

你或许会奇怪，既然一个概念在日常生活中处处可见，定义起来有什么难的呢？既然能明确地感受到力有多强，你就可以通过主观感受来定义力的强度，比如说，拍一下手，力的数值大小是1；被猫撞一下，力的数值大小是3；滑冰时摔到地上，力的数值大小是5……但问题是，这个定义只对你自己适用，别人是感受不到的。世界上每时每刻有这么多力在发挥作用，不可能把所有力都送过来让你感受一下。此外，有的力不和人直接相关，比如地球和太阳之间的万有引力只存在于两个星球之间，人是感受不到的，但这不代表没有力在作用。还有，人的感受是不稳定的。比如你去医院做手术，打了全身麻醉的药，这时别人无论怎么拍你，你都感受不到力。有谁能代替你对所有力给出和你完全一样的数值？

可见，尽管力的体验非常直观，我们却不能用主观感受来定义力。不仅是力，所有物理概念都是如此。我们需要从物理学的视角出发，制定一套操作方案，来构建概念，而不是靠主观感受，随便拼凑一个看上去合理的定义。物理学的视角是什么？答案是，从**时间**和**空间**出发探讨**运动**。基于操作方案定义的概念，称为"操作定义"[1]，意

---

[1] 这种将物理概念完全落实于操作定义的观念，称为"操作主义"。它本身有严重的弊端。不过在这一阶段，它非常有助于我们辨析科学的和非科学的概念，所以我会以它为出发点介绍大部分物理概念。我们会在下册的"科学的边界"一章中从物理学哲学角度批判它的弊端。

思是不论是谁，只要严格按照这本说明书的步骤来操作，得到的结果一定是一致、没有歧义的。注意，尽管力的定义不能**依赖**人的直观感受，但它必须**符合**人的直观感受。

在给出答案之前，你不妨合上书想一想：怎么单纯从时间和空间出发，定义逻辑严谨、普适、符合直观感受的"力"？

下面，请和我一起，经历一段定义力的思维旅程。

抛掉主观感受，力在客观世界里还剩什么？力不能摆脱现象独立存在。在讨论力时，我们实际上是在讨论力的效果。总结来自客观世界的日常经验，我们可以将力的效果归纳为两类：改变物体形状和改变物体运动状态。注意，这两种效果都可以明确地用时间和空间表述出来，而不依赖于人的感受。

第一种效果是改变物体形状。如果你对物体施加力，物体形状发生变化，力消失后，物体恢复原状，那么这种形变是可逆的，比如弹簧、橡皮球、铁尺等的形变。相比之下，另一种形变就是不可逆的，物体不会在力消失后自动恢复到原来的状态，比如被打破的玻璃、被打碎的鸡蛋、被折断的树枝、被压爆的气球等。不可逆形变效果比较复杂，一来效果本身比较剧烈，不容易被描述；二来这类现象只能发生一次，不能反复施力研究其形变规律。

我们来看一种简单的可逆形变：弹簧的形变。

弹簧对力的反应很简单：拉的力越大，弹簧被拉得越长。于是，我们可以通过弹簧的长度来定义力的大小。最简单的方式就是任意选取一根弹簧，然后规定：这根弹簧被拉长了多少厘米（记作

x），就是受到了多少力（记作 F），即：

$$F = x$$

当 x 为 1 厘米时，F 为 1 个单位的力。

这个定义本身没有问题，但它只适用于这根**特定**的弹簧，不够普适。日常经验告诉我们，不同弹簧的松紧程度是不同的，被拉开 1 厘米所受的力也是不同的。如果我们将刚才的定义照搬到所有弹簧上，那样得出的力的定义是违背直觉的。

如何拓展力的定义（注意，是"拓展"，而不是"修改"。我们不想抛弃刚才的定义），来弥补不同弹簧的松紧差异？我们可以用一个数来描述弹簧的"松紧程度"。既然这个数描述的是弹簧的特定属性，那么它对这根弹簧来说就应该是一个**常数**。换句话说，无论这根弹簧被拉长多少，这个数都是不变的。我们将这个数称为这根弹簧的"弹性系数"，记作 k。

如何**定义**一根弹簧的弹性系数？最简单的方法，就是看在 1 个单位的力的作用下，这根弹簧被拉长了多少（记作 x）。假设我们用更大的数标定更紧的弹簧（反过来也可以，这只是一个约定），那么最简单的方法就是让弹性系数和拉长距离成**反比**。也就是：

$$k = \frac{1}{x}$$

在 1 个单位的力下，弹簧越紧，被拉长的距离越短，弹性系数越大。很显然，最初选择的那根弹簧的弹性系数是 1。

这里提醒一点：我们刚才定义的"1 个单位的力"，只适用于最初选择的那根弹簧（此后我们称其为"标准弹簧"）。而为了标定其他弹簧的弹性系数，我们要将 1 个单位的力施加于其他弹簧。怎么做呢？日常经验告诉我们，如果我们将两根弹簧首尾相连，那么从两端拉长它们时，它们受到的来自对方的力应该是一样的。事实上，我们可以从这个经验出发，来定义任何非标准弹簧在特定情形下受到的力：当它和标准弹簧首尾相连时，它受到的力总是和标准弹簧相同。于是，我们只要将标准弹簧拉长 1 厘米（此时两根弹簧都受到 1 单位的力），然后测量非标准弹簧的长度，就可以计算出后者的弹性系数。

总结一下，到目前为止，我们定义了三件事情：第一，标准弹簧在任意长度时受到的力；第二，所有弹簧的弹性系数；第三，任意非标准弹簧与标准弹簧首尾相连时受到的力。

既然它们是定义，那么它们永远正确。但是，以下两个问题是无法从上述定义中通过逻辑推导出来的。

第一个问题：对某根已经标定弹性系数的非标准弹簧，如果它受到的力不是 1 个单位，那么它与标准弹簧首尾相连时受到的力 F、被拉长的距离 x 和它的弹性系数 k，满足什么关系？

胡克定律告诉我们，它们满足简单的正比关系：

$$F = kx$$

注意，胡克定律的形式依赖于弹性系数的定义方式。如果弹性系数以其他方式来定义（比如它与弹簧的拉长距离成正比而非反比），那么胡克定律将以不同的形式表述，但这两种形式在数学上等价。

请你思考一下，胡克定律与定义的三件事情是否自洽。

胡克定律是通过大量实验观察**总结**出的规律，而不是由前述的一套定义**推导**出来的推论。定义永远不会出错，但定律随时可能被实验推翻。

来看第二个问题。两根非标准弹簧首尾相连，第一根弹簧被拉长 x_1 时，第二根弹簧被拉长 x_2。两者的弹性系数分别为 k_1 和 k_2。通过胡克定律，我们知道，两根弹簧受到的力分别是：

$$F_1 = k_1 x_1$$
$$F_2 = k_2 x_2$$

问题是，这两个力相等吗？

同样，这个问题也只能通过实验回答，无法通过定义推导出来。牛顿第三定律告诉我们：任何两根弹簧（无论是否包含标准弹簧）首尾相连，拉长任何距离，它们受到的力都是相等的。

在刚才的定义中，我们事实上打破了"众弹簧生而平等"的美好愿景。我们选择了一根"标准弹簧"，以它为基础进行了一系列定义。尽管标准弹簧是任意选择的，但是一旦被选中，它在逻辑上就拥有比其他弹簧更优越的地位。因为我们通过它定义了力，所以在它身上，胡克定律和牛顿第三定律是永远正确的。而对于其他弹簧来说，这两条定律都可能被实验结果推翻。理解定义与定律的区别是掌握物理概念的基础。两者的区别并不总是容易说清的，尤其是对于像时间、空间、力等基础概念。

然而，恰恰因为我们相信胡克定律和牛顿第三定律在所有弹簧上都被遵守，我们才敢任选一根弹簧作为定义的起点。换言之，我们相信，无论选择哪根弹簧作为标准弹簧，只要这两条定律成立，那么从任意标准弹簧出发所定义的力，在逻辑上都是互相等价的。胡克定律和牛顿第三定律成立这件事情，消除了标准弹簧的特殊地位。

与之类似的还有"1 厘米"。我们用它通过标准弹簧定义了 1 个单位的力，然后又用"1 个单位的力"定义了任何弹簧的弹性系数。"1 厘米"比其他长度在逻辑上拥有更优越的地位（尽管它也是任选的）。同理，胡克定律和牛顿第三定律消除了它的特殊地位。

通过阅读后续各章，你会发现，物理学家厌恶任何由人为选择而产生的特殊地位。这一点在相对论中尤其重要。但同时，人们不得不选择某一个特殊的物体或状态，作为定义的出发点。于是，物理学家强烈地渴望一套定律，来消除这种特殊性。这套定律在这里是胡克定律和牛顿第三定律，在爱因斯坦心中是狭义相对论和广义相对论。

但是力的定义问题还没有完全解决。刚才给出的一系列定义都基于力的形变效果，但是形变效果只适用于宏观物体，不适用于微观的基本粒子，因为基本粒子没有结构（不然它就不够"基本"，可以被进一步拆分成更基本的粒子）——没有结构，就无法"形变"。因此，胡克定律不是最基本的定律，它描述的现象不适用于最基本的粒子。

有没有比形变更基本的力的效果，既可以体现在宏观物体上，又可以体现在微观粒子上呢？有的，力除了能改变物体的形状，还能改变物体的运动状态。

力究竟如何改变物体的运动状态呢？这个问题可以回溯到物理学史上最重要的范式转换之一。我在第 4 章中介绍了伽利略对亚里士多德运动理论的批驳，他指出：力不是物体运动的原因，而是改变物体运动状态的原因。确切地说，力的效果是产生加速度，从而改变物体的速度。伽利略指出物体在重力作用下做匀加速运动。事实上，这对任何力都适用。

想象你自己坐在光滑的冰面上，后面的人以恒定的力推你，你会在冰面上不断加速，越滑越快。测量这个运动过程，你会发现你的加速度是一个恒定的数值。一方面，施加的力越大，加速度也会越大。另一方面，加速度和人的重量也有关。在同样的力下，较轻的人会比较重的人获得更大的加速度；换句话说，想要获得同样的加速度，较重的人需要的力更大。读到这里，你会发现，力、重量、加速度三者的关系和力、弹性系数、弹簧形变的关系颇为相似。那么，我们能否用同样的方式，以加速度为基础，定义力呢？

完全可以。首先，任选一个物体作为标准物体。然后规定，当它的加速度（记作 a）为 1 米每平方秒（以下将加速度的单位记作 m/s^2）时，它受到的力（记作 F）是 1 个单位；当它的加速度是 $2m/s^2$ 时，它受到的力是 2 个单位，以此类推。即：

$$F = a$$

既然不同重量的物体在同样的力下加速度不同，那么我们就要引入一个量，来表达这种差异。我们将这个量称为"质量"，记作 m（更确切的说法是"惯性质量"，区别于之后探讨的"引力质量"）。定义质量的方法是，当 1 个单位的力作用于某个非标准物体时，测量它的加速度。常识告诉我们，越重的物体，越难被加速，因此我们规定质量与加速度成反比，即：

$$m = \frac{1}{a}$$

和弹簧一样，我们需要将定义于标准物体的力，转移到任何物体。于是我们定义：当一个标准物体与非标准物体相互作用时，两者施加给对方的力是相等的。于是，我们只要设法将标准物体的加速度维持在 $1\mathrm{m/s^2}$，就知道非标准物体受到的力也是 1 个单位。通过测量后者的加速度，可以计算它的质量。

接下来，我们同样要面临两个问题，都需要通过实验回答。

第一个问题：对任意物体，当它和标准物体发生相互作用时，它受到的力 F、加速度 a 和它的质量 m，满足什么关系？

牛顿第二定律告诉我们，它们满足简单的正比关系：

$$F = ma$$

牛顿第二定律可能是当今物理学中最重要的定律。如果你只能记住一个物理公式，那么请记住它。

第二个问题：两个非标准物体相互作用时，我们可以通过牛顿第二定律计算出每个物体受到的力，那么这两个力相等吗？牛顿第三定律告诉我们：是的。

到目前为止，我们通过两条路径定义了力，它们分别从弹簧的形变出发和从物体的加速度出发。两者都不依赖于人的主观感受，而都只依赖于时间和空间。但是，物理学不能容许用不同的方式来定义同一个概念，除非它们在数学上是等价的；然而弹簧路径和加速度路径并不等价。前面说过，弹簧路径只适用于宏观弹性物体（这对弹簧的制作工艺要求很高，胡克定律只适用于弹性范围内的形变），而加速度路径适用于一切宏观物体和微观粒子。由于适用范围更大，因此后者胜出，成为力的标准定义。幸运的是，在牛顿第二定律定义的力下，人们发现胡克定律依然成立，可以说皆大欢喜。

其实上述逻辑并不十分严密。两条路径都隐含了这个假设：力必须发生在两个物体之间，而不能凭空产生在一个物体上。此外，我们还假设总是存在这样的场景：整个宇宙中只有被研究的两个物体互相产生力，而没有其他物体掺和进来。实际上这是完全不可能的，每一个物体无时无刻不和宇宙中的**所有**物体发生相互作用。我们只能假设对于研究对象，有些力不那么重要，比如遥远的星球对手上的苹果产生的万有引力；或者有些力会互相抵消，比如桌子上的书本受到的重力和桌面对书本的支撑力。

牛顿第二定律有一个特例，就是没有力（更准确地说，是所有外力互相抵消），也就是 $F=0$ 的情况。在这种情况下会发生什么呢？因为一个物体的质量 m 是常数，即它是不变的，所以 F 为 0 时，加速度 a 也为 0。加速度为 0，意味着物体的速度，包括速度的大小和方向，都不随时间发生改变。物体会以某一个速度做匀速直线运动（当然，它也可能静止，静止相当于速度为零的匀速直线运动）。这个定律被称为"牛顿第一定律"，也称"惯性定律"。

很多人（包括我自己）在初学牛顿定律时有一个疑惑：既然牛顿第一定律在数学上是牛顿第二定律在力为零时的特殊情形，为何要把它单独提出来，而不是合并入牛顿第二定律里呢？之所以有这样的疑问，是因为我们在教学中过于注重定律的数学形式，而忽略了它们背后的概念层次和逻辑关系。数学上的等价不代表概念上的同一。在解释两者的区别之前，我先介绍一个非常重要的概念：惯性参考系。在引入牛顿第二定律时，我不加限制地阐述了这样一个直观体验：物体的加速度和受到的力成正比。在某些特殊情况下，这个表述是错误的。想象一个人悬浮在自由下落的电梯里，他受到重力，由于没有接触电梯任何一面而没有受其他力，此时他受到的合力不为零，但以电梯为参考系的话，他是静止的，加速度为零，违背牛顿第二定律。你或许会说，那是因为电梯本身在动啊，在地面上的人看来，他连同电梯一起向下加速运动，符合牛顿第二定律。这个表述没错，但是从逻辑角度看，为什么地面参考系比电梯参考系更"正确"？仅仅因为地面上的大部分东西静止不动吗？这相当于说："牛顿第二定律只在某些参考系中成立，这些参考系就是符合牛顿第二定律的参考系。"这是逻辑上的同义反复。更何况，在广袤的宇宙中，没有东西是真正静止的，更别提始终在自转和公转的地球了。

作为一个运动学概念，加速度一定是在一个预先设定好的时空坐标系中测量的（这就是**参考系**的含义）。既然参考系是人为设定的，就没有一个参考系比另一个更"正确"。我们当然可以要求物理定律的**表述**只在某些参考系中成立，而在其他参考系中需要修改，但前提是我们需要**事先**规定好那些合适的参考系，而这正是牛顿第一定律的任务。牛顿第一定律的作用不是描述物体在零力下的行为，而是定义了一批"惯性参考系"，即物体在这些参考系中不受力的话，它保持静止或做匀速直线运动。只有在这些惯性参考系中，牛顿第二定律才成立；在其他"非惯性参考系"中，牛顿第二定律的形式需要修改。因此，牛顿第一定律之所以被称为"第一定律"，是因为它是牛顿第二定律的**逻辑基础**，而不仅仅是特例。

仔细推敲的话，我们会发现上述论述还有一点不严谨之处：惯性参考系是在"零力"情形下定义的，而力是在牛顿第二定律中定义的，惯性参考系又是牛顿第二定律的前提条件。这就构成了三角循环逻辑。因此，完全依靠逻辑而不付诸直观的"零力"表述是不可能的。好在，"零力"比非零力便利的地方在于，我们可以通过直观经验额外提出一条假设：物体之间的力是**局域**的，也就是说一个物体主要受到与它直接接触或距离不那么远的物体的影响，对于无比遥远的物体，其作用力可以忽略不计。理论上，我们可以为一个物体构造一个无限接近零力的环境，当它静止或做匀速直线运动时，它就处于惯性参考系之中。这个解决方案在经典力学的框架下是最令人接受的了。更严格、更优雅的解决方案，要交给三百年之后的广义相对论。

牛顿将惯性参考系的理念推得更远：他先验地假设存在一个绝

对、纯粹、不依赖于任何运动的时空，称为"绝对时空"。这个时空之绝对与纯粹，在于人们无法直接度量它，只能寻找一些足够好的惯性参考系，作为对它的映照和替代。绝对时空的存在，意味着存在一个适用于全宇宙任何时空区域的惯性参考系。根据牛顿第一定律，所有相对"绝对时空"做匀速直线运动的参考系都是惯性参考系，所有惯性参考系的地位都是相同的。尽管牛顿在《自然哲学的数学原理》中非常谨慎地区分真实、数学的绝对时空和来自经验、表象的时空度量，但他实质上还是锚定了一个全局惯性参考系，来脱离牛顿第一和第二定律之间的逻辑循环。这个假设看似粗暴，但似乎并不违背任何直觉，理论发展也一直很顺利，直到 20 世纪初人们遇到了严重的逻辑不自洽问题，这促使人重新审视整个经典力学体系，特别是时空参考系的基础——这就是相对论的前奏。我们会在后文中详细讨论这些问题。

到现在为止，我们对于"力的定义"的探索旅途就像《爱丽丝梦游仙境》里的兔子洞，越挖越深，却永远走不到尽头。但是，这段旅途并不是没有意义的，因为我们每向前迈进一步，我们的定义体系就越少依赖直觉，而越多依赖基于时空的操作定义，适用范围也越广。

我们经常把牛顿开创的经典物理学称为"牛顿力学"，而把近代量子物理学称为"量子力学"。甚至，我们把热学称为"统计力学"，把电磁学称为"电动力学"……可见力学的地位比其他物理学门类要高，力学的逻辑是整个物理学的基础逻辑。

什么是力学的逻辑？

我们先退一步，反思物理学究竟要解决什么问题。既然物理学的基本框架围绕时间和空间中基本粒子的运动，那么我们实际上关心的是宇宙中所有粒子的位置、速度、加速度等运动量在其他粒子的影响下如何变化。现在，我们通过牛顿第二定律**构造**了一个新的概念——力，目的是希望通过这个概念**更方便**地描述一切运动背后的规律。我们已经知道力如何改变物体的运动，那么下一步就要知道物体之间的力有多大，和什么因素有关。经过几百年的发展，物理学家发现存在几种最基本的力，即"基本作用力"，它们和物体的运动状态有着非常简单的关系。第 6 章会详细介绍这几种基本作用力。

总之，力学的逻辑就是，根据物体在某一刻的状态（包括位置、速度、质量、电量等物理量），计算这一刻物体的受力情况，然后通过牛顿第二定律计算物体的加速度，这决定了物体下一刻的运动状态。物体下一刻的运动状态会决定其下一刻的受力情况，进而决定再下一刻物体的运动状态……如此循环，决定整个未来的状态。

回顾本章的逻辑，思考这个问题："力**真的**存在吗？"

物理学对力的描述和定义都基于时间和空间中的现象（如弹簧伸缩、加速度）。在这个意义上，力自始至终都是一个辅助概念，我们并不能真的观察到力**本身**。按操作主义（operationalism）的观点：除了时间和空间，所有物理概念和物理量都是这样构造出来的。物理学建立在一大批人为构造、从时间和空间出发、基于操作定义的物理概念上，并将它们**映射**到我们直观感受到的世界。人们研究这些概念之间的互动关系，预测物体在时空中的变化，并以此为依据不断更新理论。在操作主义者看来，我们完全可以将现有物理学改写为不需要"力"的形式（用质量和加速度代为表示所有力）。这个新的形式和现有理论在数学上完全等价，因而在物理上也等同，不过物理学会变得非常烦琐和抽象。

物理学的许多概念在不断演化。在近代量子物理中，人们对力的观念发生了转变，认为力是一种和粒子地位相同的"实体"。量子物理学家认为"粒子"有两种，分别是费米子和玻色子。费米子相当于经典力学中的基本粒子，而玻色子代表了力，承载着费米子之间的相互作用。费米子之间通过相互交换玻色子来产生力的效果。我会在下册的"规范场论与标准模型"一章中展开介绍这些概念。

随着物理学理论的发展，新的概念总是越来越抽象、越来越远离原初感官。在这个过程中，究竟是原初感官更"真实"，还是理论概念更"真实"？这种区分是否有意义？这是值得探讨的物理学哲学问题。我们会在下册中展开讨论。

第 6 章

基本作用力

粒子宇宙图景告诉我们，物理学家看待世界的方式是将它拆分为数量众多、种类有限的基本粒子。力学的逻辑告诉我们，研究物体运动规律的方式是寻找它们之间的相互作用力。那么，就有一些力比其他力更基本，那就是基本粒子之间的相互作用力，被称为"基本作用力"。就像一切物体都可以还原成基本粒子一样，一切力都可以还原成基本作用力。

这里提到了物理学中非常重要的思想：还原。还原的意思是，对于一个复杂的物体，将其拆分成简单的成分；对于一个复杂的现象，将其拆分成基本的运动。一旦了解了简单成分背后的规律，我们就可以通过叠加组合理解整体的性质和现象。

举个例子，我们设计以下实验来研究气体热胀冷缩的性质：瓶子里充满了空气，用气球封住瓶口。加热瓶子，瓶子里的气体受热膨胀，会将气球吹鼓起来。

研究这个过程，通常的做法是用仪器测量瓶中气体的各种物理性质，比如压强、体积和温度，然后设计一系列实验，寻找它们的变化关系。然而，这并不是还原的做法。还原的思想是，若想了解气体的性质，先要了解气体是由什么构成的（气体分子），然后研究在加热气体的过程中，每个气体分子发生了什么变化。它们是如何互相影响的？它们与瓶子、气球之间发生了什么？大量分子的运动如何呈现出我们看到的宏观现象？

反过来说，基本作用力对微观粒子成立，并不代表它们在宏观物体上观察不到效果。下面将要介绍的四种基本作用力中，有两种力既适用于微观粒子，也适用于宏观物体。它们是万有引力和电磁力。

万有引力

万有引力是一切有质量的物体之间的吸引力，比如地球和地球上的一切物体（苹果、皮球）、星球之间（太阳和地球、地球和月球）都存在万有引力。之前说过，牛顿最伟大的贡献不仅是发现了万有引力的公式，最重要的是他发现，支配星球运行的规律和支配苹果下落的规律，其实是一回事。宇宙万物的行为可以用一套统一的规律来描述和预测。

万有引力的大小由哪些因素决定呢？根据日常经验，质量越大的人，摔倒在地上越疼，这说明地球对这个人的引力越大。因此，质量会影响两个物体之间的万有引力大小。

这里需要再次强调之前定义"力"时传达的观点：物理学的概念不能是拍脑门编出来的，特别是不能依赖人的主观感受，而需要依赖时间、空间和其他已经定义好的物理量，以及一系列严格的操作规范。我们要用同样的标准来定义"质量"。其实在第 5 章中，我们已经通过牛顿第二定律定义了质量，那就是标定一个物体在力的作用下是否容易改变运动状态（也就是产生加速度）的常数。这个定义符合我们的直观体验——越"重"的物体越难改变其运动状态。

除了质量，还有其他因素影响万有引力吗？牛顿通过研究大量天文数据，并运用当时主流的"开普勒三定律"，归纳和推导出了著名的万有引力公式：

$$F = G\frac{m_1 m_2}{r^2}$$

其中，F 是万有引力，m_1 和 m_2 分别是两个物体的质量，r 是两个物体之间的距离，G 是一个物理常数，被称为"万有引力常数"。万有引力和两个物体的质量成正比，和物体之间距离的平方成反比。这意味着，两个物体的质量越大，引力越大；两个物体距离越远，引力越小——这非常符合第 5 章提出的力的局域性假设。

尽管引力主宰了宇宙天体的运动，但引力其实是非常弱的力。万有引力常数的值约为 6.67×10^{-11} N · m²/kg²，意思是两个 1 千克的物体，相距 1 米的话，产生的引力大约是 6.67×10^{-11} 牛顿。1 牛顿是指让一个 1 千克的物体产生 1 米 / 平方秒的加速度所需要的力。做个对比：一个鸡蛋的质量约为 50 克，受到的重力约为 0.5 牛顿。世界上质量最大的动物是蓝鲸。两头蓝鲸肩并肩相邻，它们之间的引力只有 0.001 牛顿，仅约为鸡蛋所受重力的 1/500。可见，只有星球这样质量极大的物体才会产生显著的引力。日常生活中的物体，比如两个苹果，互相之间的引力完全可以忽略不计。

电磁力

电磁力表现为两种表面上不同的力：电力和磁力。它们有一个共同点：都有正负两极，同性相斥、异性相吸。磁力比较复杂，我们以后讨论磁现象时再仔细分析。这里我们先聊聊电力的一种特殊情况：静电力，也就是两个静止带电体之间的力。

日常经验告诉我们，在某些环境和行为下有些物体可以带静电（比如冬天脱毛衣，用塑料梳子梳头），两个带电体会相互吸引或排斥。带电量越大，静电力越大；两个物体距离越远，静电力越小。如果用"电荷"来描述物体带电的状态，那么我们可以通过实验得出库仑定律：

$$F = k\frac{q_1 q_2}{r^2}$$

其中，F 是静电力，也称库仑力，q_1 和 q_2 分别是两个带电体的电荷量，r 是电荷之间的距离，k 是一个物理常数，称为"库仑常数"。库仑力和两个电荷量的乘积成正比，和电荷之间的距离的平方成反比。如果两个电荷是同性的（都是正电荷或都是负电荷），那么两个电荷互相排斥；如果两个电荷是异性的（一个正电荷，一个负电荷），那么两个电荷互相吸引。

这里先暂停一下，重新读一遍上面两段，有没有发现什么问题？

我们笼统地引入了"电荷"这个概念，却没有定义它。确切地说，我们没有依赖时间、空间和一系列严格的操作规范来定义"电荷"。

电荷的直观含义是描述了物体带多少电，而物体的带电量又是通过静电力的大小来表现的。那么，库仑定律描述的规律，难道仅仅是逻辑上的同义反复，而没有带来任何关于世界的新知识吗？

回顾"力"的定义，你会发现牛顿第二定律其实做了三件事情：定义了力，定义了质量，表述了一个规律。库仑定律也是如此，它既可以通过力来定义电荷，也可以表述静电力的规律。

库仑定律涉及两个物体，比牛顿第二定律复杂一些。让我们按照以下**操作流程**，为世界上的所有带电体标记电荷。首先选择两个电荷 A 和 B，让它们相距一段特定的距离，比如 1 米（之后所有标记过程都会用这个距离）。测量 A 和 B 之间的静电力 F_{AB}。我们选择 B 作为"标准电荷"，将 B 的电荷标记为 1。然后用另一个带电体 C 取代 B 的位置，测量 A 和 C 之间的静电力 F_{AC}。

　　既然用库仑定律标记电荷，那么我们就假定静电力和两个电荷分别成正比，比例系数记作 k：

$$F_{AB} = kq_A q_B$$
$$F_{AC} = kq_A q_C$$

于是，C 的电荷就标记为 F_{AC} 除以 F_{AB}：

$$\frac{F_{AC}(\text{已测量})}{F_{AB}(\text{已测量})} = \frac{q_C(\text{未知，待标定})}{q_B(\text{已知，等于1})}$$

以此类推，我们可以为剩下所有带电体标记电荷。

　　最后，我们测量 B 和 C 之间的静电力 F_{BC}，再利用之前已经测量出的 F_{AB} 和已经标记好的 C 的电荷，可以得出 A 的电荷：

$$\frac{F_{AB}(\text{已测量})}{F_{BC}(\text{已测量})} = \frac{q_A(\text{未知，待标定})}{q_C(\text{已被标定})}$$

至此，我们为世界上的所有带电体标记了它们的电荷。后面会聊到，和质量不一样，电荷不是"绑定"在一个物体上的，可以在物体之间"流动"。不过没有关系，用同样的方法可以给改变了电荷量的物体重新标记。这样做当然无比麻烦，其实这只是定义的逻辑起点，事实上并不需要真的这样做。当人们了解了电荷的微观机制和电磁力的规律后，就可以用简单得多的方法来测量物体的电荷。

以上是通过库仑定律标记电荷的方法。一旦标记好后，人们发现，不论距离多远，任意两个带电体之间的静电力都符合库仑定律（与电荷成正比，与距离的平方成反比）。这说明库仑定律同时揭示了静电力的规律。

仔细观察库仑定律的公式，你会发现它和万有引力定律非常相似，特别是两个力和距离的关系都符合**平方反比定律**，电荷对应质量。

$$万有引力：\quad F = G\frac{m_1 m_2}{r^2}$$

$$静电力：\quad F = k\frac{q_1 q_2}{r^2}$$

既然电荷代表一个物体产生静电力的能力，那么质量则应该被理解为一个物体产生引力的能力。我们刚才不加区别地把牛顿第二定律中定义的质量用到了引力中，但实际上万有引力定律中的质量和牛顿第二定律中的质量具有完全不同的含义。前者代表一个物体产生引力的能力，后者代表一个物体在力的作用下改变运动状态的难易程度（也就是惯性）。因此，更严谨的做法是区分这两种质量：一种是从牛顿第二定律定义的质量，称为"惯性质量"；另一种是从万有引力定律定义的质量，称为"引力质量"。我们应该用库仑定律定义电荷那套操作流程来定义引力质量。

在经典力学中，从概念上讲，惯性质量和引力质量是一个物体的两种属性，没有逻辑上的必然联系；从实验上讲，人们观察不到两者的显著区别。但在广义相对论中，爱因斯坦指出加速度和引力场本质上是一回事，因此惯性质量和引力质量本质上是一回事。因此，我们可以放心地用统一的"质量"概念来描述两种场景。

库仑定律和万有引力定律在公式上极其相似，这让人们很自然地思考：它们是否本质上是一种力？二者背后有没有更深层的联系？这些问题远比看上去困难得多，它们困扰了爱因斯坦的后半生。直到今天，科学家仍在尝试将两种力统一起来，但还没有得到完美的解答。

电和磁原本是不同的现象。直到 19 世纪末到 20 世纪初，两位伟大的物理学家——来自英格兰的迈克尔·法拉第（Michael Faraday）和来自苏格兰的詹姆斯·克拉克·麦克斯韦（James Clerk Maxwell）——发现电力和磁力有非常紧密的联系，从而进一步将它们统一为"电磁力"。

电磁力比引力强得多，所以我们在日常生活中很容易观察到各种电磁现象。但是，在宇宙尺度，引力比电磁力重要得多。这是因为引力总是吸引，总是叠加，积少成多；而电磁力会吸引或排斥，大部分力互相抵消，只有剩余的那部分被我们观察到。

强力和弱力

除了引力和电磁力，还有两种基本作用力：强相互作用力和弱相互作用力（简称强力和弱力）。我们在日常生活中接触不到它们，因为它们只在亚原子尺度上产生作用。

原子核中有质子和中子，它们都由夸克构成。强力描述的是夸克之间的相互作用力。强力使质子和中子互相吸引 [1]——这就解释

---

[1] 确切地说，使质子和中子互相吸引的是构成核子的夸克之间的强相互作用的一种冗余效应。

了带正电荷的质子之间尽管因库仑力相互排斥，它们仍然可以紧紧地绑定在原子核中。弱力解释了一类原子核的辐射现象。

两个物体都需要拥有某种属性，才能产生相互作用力。这种属性统称为荷。对电力来说，这种属性是电荷；对磁力来说，这种属性是磁荷；对引力来说，这种属性是引力质量；对弱力来说，这种属性是弱同位旋或弱超荷；对强力来说，这种属性是色荷。荷并不总有正负或南北两极之分，比如色荷就有三种。原则上，一个物体拥有各种荷的量是互相独立、没有关系的。然而，我们目前发现的基本粒子，它们的荷组合都是固定的。比如所有电子的质量和电荷都是一样的。人们根据这些基本粒子的基本作用力对应的荷，列了一张图表，称为"标准模型"（见图 6-1）。

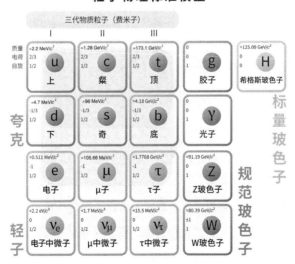

图 6-1 标准模型（见彩插，本图在 CC BY-SA 4.0 许可证下使用）

我会在下册的"规范场论与标准模型"一章中详细介绍这些理论。

除了这四种基本作用力，量子力学中还有一种类似于力的效果，也就是由"泡利不相容原理"产生的**简并效应**。打个比方：教室里有40个座位，没有坐满的时候，一个学生进去可以找座位坐下；一旦坐满40人了，再有学生想进去，就找不到座位了，被拦在教室外，仿佛受到了一种排斥。生活中司空见惯的支撑力，其主要来源是简并效应。比如，一块木块放在地面上，木块受到地球向下的引力，同时受到地面向上的支撑力，两者抵消，才能让它静止在地面上。木块与地面接触的表面，分别是构成两种物质的原子。原子是由层层电子包裹着的原子核。所以木块与地面接触，事实上是两个物体最外面的电子层在"短兵相接"。这些电子在压力之下希望进入对方的领域，但由于简并效应，靠近原子的位置都已经被它们原先的电子占据了，新的电子无法进入。因此，这种排斥效果就是支撑力的来源。

简并效应是量子力学产生的一种系统限制，它和四种基本作用力不是一回事。它既不是两个基本粒子之间的相互作用，也没有对应的"荷"来描述这种力的强弱。简并效应是量子力学特有的性质，它保证了世界的稳定性。

只用四种基本作用力就可以描述宇宙间所有自然现象，这已经是非常了不起的成就了。然而，物理学家不满足于此，他们希望将四种力统一为一种力。这项工作已经取得长足进步：首先，电力和磁力被统一于电磁力，然后电磁力与弱力在规范场论下被统一为电弱力。再然后，电弱力和强力被一个统一的框架描述，即标准模型。现在，引力仍然顽固地游离在体系之外。有一些模型试图统一所有力，但都有许多困难等待解决。

第 7 章

能量

我们在日常用语中使用许多物理学概念，比如时间、空间、力、能量、摩擦、杠杆、场……其中有些用法和物理学中的含义比较相近，有些却大相径庭。正如第 5 章强调的，在学习物理时，我们要尽量摒弃日常用语和经验带来的直观理解，转而从时间和空间的角度出发，通过一系列严格的操作定义，构建客观、无歧义的量化概念。现在我们从零开始，认识"能量"。

"能量"这个概念很特别。单独讨论它没有任何意义。它必须在一个完整的概念中讨论，这个概念叫**能量守恒**。甚至可以更进一步：能量概念被构造出来，就是为了描述守恒。

守恒是物理学中的一个极其重要的思想。其实守恒是一个很朴素的思想，它是"稳定性"的一种延伸。"稳定性"听上去是一个很专业的词，但其实是人认识世界的一个基础假设。孩子在两岁左右会获得"客体稳定性"：即使一个物体被遮挡住了，孩子依然认为这个物体存在。

随着我们对世界的理解不断深化，稳定性思想将扩展到更为抽象的概念上。比如，在玩桌球时，我们用白球撞击彩球。碰撞后，白球的速度降低，而彩球的速度增加，仿佛速度在两个球间进行了转移，使得两球的总速度在碰撞前后保持不变。再比如，过山车在下坡时速度加快，在上坡时速度减慢，仿佛速度在过山车上升的过程中以高度的形式被积累起来，等到过山车下坡时再释放出来。也许，速度和高度之间的关系符合某种守恒原则。

于是，物理学家试图构造一个概念，用来描述这种运动过程中的守恒。这个概念就是能量。

既然能量描述的是物体运动过程中的守恒状态，那么首先要为运动本身构建一种能量，称为"动能"。一个物体的运动状态可以由质量、位置、速度、加速度来描述，动能就是这些量的函数。我们尝试用过山车的例子来构建动能函数。

在过山车的例子中，车的速度与高度有关。位置越高，速度越低；位置越低，速度越高。因此，仅仅看车的动能，显然是不守恒的；我们需要把动能和高度结合起来考察。

过山车的轨道可以很复杂，而且千变万化。作为物理学家，我们要解决的不是某一辆过山车的问题，而是所有过山车的问题。还记得第 3 章和第 6 章所描述的**还原思想**吗？我们将它用在这里：首先把任意形状的轨道拆分成很多平直的斜面（见图 7-1），然后分析小车在每段斜面上的运动规律。我们把许多小斜面首尾连接起来后，只要构造的量在一个斜面的两端守恒，那么这个量在每一个斜面交接点都相同。如果斜面足够小，轨道分割得足够细致，那么斜面和轨道就无比接近，我们就得到了一个适用于轨道上任意点的守恒量。

图 7-1　斜面分割

现在，问题还原为：在一个平直斜面上，如何构造一个守恒量，使得小车在斜面两端的量相同？

在构造这个量之前，我们还需要设定一些条件：这个斜面是光滑的，没有摩擦力，小车也没有动力装置，完全靠重力在轨道上滑行。摩擦力属于"非保守力"，无法构造出一个能量与之对应——这涉及一些微积分的知识，不展开讲了。

一个质量为 m 的物体在斜边距离为 S、水平距离为 L、高为 H 的光滑斜面上因重力向下滑行（见图 7-2）。根据之前学过的牛顿第二定律和运动学公式，加上一些三角几何，我们可以计算出物体滑到底时的速度：

$$v = \sqrt{\frac{2GH}{m}}$$

其中，G 是物体受到的重力①。调整一下公式，将其写作如下形式。

$$\frac{1}{2}mv^2 = GH$$

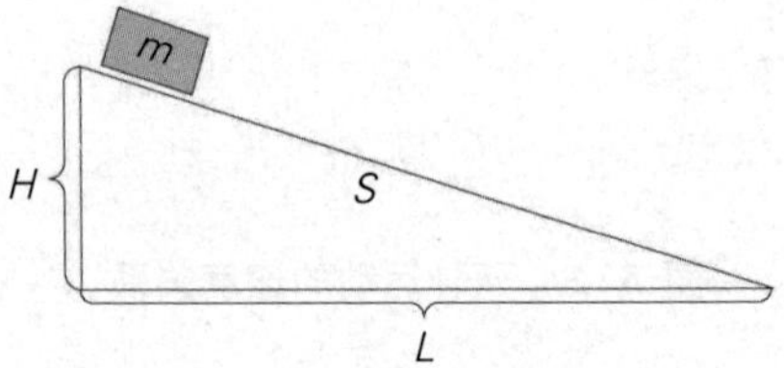

图 7-2　单个斜面

---

① 重力通常可以写为：$G=mg$。但是为了让这个推导过程可以推广到其他力的形式，这里保留 G，不做展开。

　　如果物体一开始不是静止在斜面顶端，而是有一个向下的初始速度 u，会如何呢？上述公式改写为：

$$\frac{1}{2}mv^2 - \frac{1}{2}mu^2 = GH$$

等号左边描述的是物体在沿斜面下滑的过程中获得的某个量的增量（从后文可知，这个量就是动能）。注意，这个公式反过来也是成立的：如果物体一开始在斜面底端，以速度 v 向上冲，那么由于重力的作用，速度会随着物体上滑而降低，到顶部的速度是 u，此时 v、u、H 也符合上述关系（见图 7-3）。

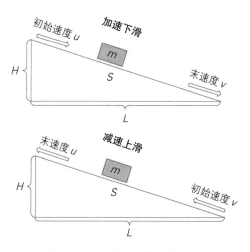

图 7-3　两种运动的速度关系

　　仔细观察这个公式，你会发现，它和斜坡的长度 S 及水平距离 L 都没有关系，仅仅和高度 H 有关。也就是说，不论斜坡平缓还是陡峭，决定速度变化程度的只有高度。相比陡坡，物体在缓坡下滑会慢一些，但加速时间比较长，到达坡底的速度和陡坡是一样的。

这个公式告诉我们，物体在斜面上运动，速度会变化，但是速度的变化总是和高度有关。我们可以构造一个结合速度和高度的守恒量：

$$E = \frac{1}{2}mu^2 + Gh$$

其中，u 是物体在某一个时刻的速度，h 是它在这个时刻的高度。在斜面底端，$h=0$；在顶端，$h=H$。在这个守恒量中，只有第一项描述了物体的运动状态，我们将它定义为"动能"。对于第二项，我们称之为"重力势能"。势能代表着一种潜力，一种转化为物体运动的潜能。当物体在高位时，h 较大，重力势能较大，意味着它有潜力让物体变快。这个组合量在物体滑行的过程中是守恒的。当物体下滑时，动能变大，重力势能变小，后者转化为前者。反过来，物体上滑时，速度变小，动能转化为重力势能被存储起来。注意，在动能的定义里，系数 1/2 是一个约定。如果选择新的约定，比如将动能和势能都乘以 2，于是总能量数值是原来的两倍，那么这个数值在物体的运动过程中依然是守恒的。

于是，我们得到了动能的定义，如下所示。

$$E_k = \frac{1}{2}mv^2$$

重力势能，顾名思义，是由重力（也就是万有引力）产生的。

其他三种基本作用力（电磁力、弱力、强力）也有各自的势能。之前讲基本作用力时强调过，相互作用力描述的是两个物体之间的关系，单独讨论一个物体没有意义。上述论证看上去是在讨论单个物体的能量，实际上讨论的是物体和地球之间的能量关系。而影响两者动能变化的，是它们的相对距离（高度 h）。

假设有两个电荷，一正一负，一开始都处于静止状态。由于异性相吸的静电力，两个电荷会向对方的方向加速，逐渐获得速度，即获得动能。这个动能从哪里来？

根据刚才的思路，我们可以为静电力设计一个势能，称之为静电势能，它转化为两个电荷的动能。静电势能与两个电荷的动能之和是一个守恒量：

$$E = \frac{1}{2}mv_1^2 + \frac{1}{2}mv_2^2 + k\frac{q_1 q_2}{r}$$

其中，前两项分别是两个电荷的动能，第三项是静电势能。它和静电力公式很像，区别在于：首先，它是一个数，没有方向；其次，它的分母是距离 r，不是 r 的平方。具体推导需要微积分的知识，这里不展开了。

之前讲到，摩擦力很特殊，是一种"非保守力"，无法用一种能量来描述关于它的守恒。日常经验也告诉我们，如果车上没有电动机，那么过山车经历足够长的时间一定会因为摩擦力而停下来。因此，有摩擦力参与的运动，其能量似乎是不守恒的。但是，摩擦力在微观机制上可以还原为基本作用力，而所有基本作用力都有相应的势能来维持能量守恒，那摩擦力为什么不可以？

这涉及能量的宏观表现和微观表现。日常经验告诉我们，摩擦会生热。因此，我们有理由猜想，热可能是一种能量形式。事实确实如此。我在之后介绍热学时会解释：热本身是一种微观动能，描述了构成物体的微观粒子的振动。因为粒子在振动，所以每个粒子具备动能；又因为粒子没有离开自己的位置太远，所以宏观物体看起来没有动。实际上，看似静止的宏观物体在微观层面有动能，即热能。粒子振动越剧烈，物体就越热。因此，摩擦力的效果是把宏观上的动能和势能转换成了微观粒子的振动，也就是热能，我在之后关于热学的章节中会展开介绍。

尽管自然界中的所有相互作用力都可以还原为基本作用力，但在实际分析中，我们还需要构造一些更高层次的力来帮助我们分析自然现象。能量也是如此。在处理不同的问题时，我们需要引入不同层次的能量。下面我们快速浏览一些常见的能量形式和它们的转换过程。

电能在我们的日常生活中扮演着重要角色，其表现形式要比前文提到的静电势能更为复杂。家用电力在发电站产生，通过输电线路传送到各家各户，以维持家用电器的运行。

电磁能的另一种表现形式是电磁辐射。我在之后讲光学时会详细介绍：光是一种电磁辐射，所以太阳能本质上是一种电磁能。

皮筋、弹簧、弓都会产生弹力。弓之所以能释放出高速飞行的箭，是因为弓被拉满时积攒了弹性势能，释放时弹性势能转换为箭的动能。

化学变化总是伴随能量的吸收或释放。比如火柴燃烧会发光发热，释放出光能和热能，这种能量来自燃烧物质的化学能。当燃料耗尽时，化学能也转换完毕。

核武器是人类最具破坏性的大规模杀伤性武器，将核能控制好的话则可以发电，造福人类。核反应以链式反应的形式在短时间内急速扩张，释放巨大能量。核能由著名的爱因斯坦质能公式计算：

$$E = mc^2$$

其中，E 是核反应释放的能量，m 是核反应后物质的损耗，c 是光速。

化学能的释放并不总是剧烈和不可控的。随着科技的进步，人类已经很好地驯服了化学能，找到了更多安全、可控的使用方式，比如干电池。干电池中包含了存储化学能的物质，当通电时，电池内会发生化学反应，在电池两极间产生稳定的电压，为电路供电。

一个系统中各种形式的能量累加起来是守恒的，不同形式的能量之间会互相转移或转换。研究能量的意义，便在于构造出守恒的能量之后，分析各部分能量的转移与转换规律。

能量转换现象在现实世界中随处可见。比如燃烧就是一种剧烈的化学反应，伴随着化学能向热能和光能的转换。干电池实现的是化学能向电能的转换。当电池为手电筒供电时，电能进一步转换为光能；当电池为风扇供电时，电能进一步转换为扇叶旋转的动能。

风力发电的机制刚好相反。风吹动扇叶，扇叶带动发电机，将机械能（动能）转换为电能储存起来或通过电网传输出去。

蒸汽机可以将热能转换为机械能，推动活塞产生巨大功率。烧水的时候，我们会看到烧开的水把没盖严的壶盖顶开，这也是热能向机械能的转换。热能通常是由燃烧燃料产生的，来自燃料本身的化学能。

任何物体获得动能的过程都伴随着某种势能的减少。比如人从高台向下跳水，其实是把重力势能转换为动能。

前面提到的摩擦生热，是由机械能转换成热能的一个渠道。

太阳是地表能量的主要来源。太阳能发电就是将来自太阳的光能转换为电能。光会参与光合作用的化学反应。植物吸收光后将其转换为化学能或生物能，维持植物的生长。

海水每天会有两次涨潮和落潮。这种潮汐现象是由太阳和月亮对海水的万有引力，以及地球的自转造成的。因此，海水涨潮和落潮的动能来自引力势能。潮汐发电，就是靠潮水推动发电机，将动能转换成电能。

之前说过，我们构造能量这个概念，就是为了描述能量守恒。当我们分析一个封闭系统时，系统内各部分相互作用，总能量是不变的。这里有一个很微妙的假设，那就是"封闭系统"，即在理想条件下，这个系统完全封闭，系统内的任何物体与系统外的任何物体没有相互作用。而这个假设在实际情况下是不成立的，世界上的所有物体之间无时无刻不在相互作用着。因此，我们也要分析非封闭系统的能量变化。比如，一个光滑的水平面上有一个物体，它受到一个恒定的外力 F 并向一个方向加速运动。物体本身不是封闭系统，它的动能在不断变大，是不守恒的。在非封闭系统中，如何计算物体的动能变化？动能的变化和外力又有什么关系？

为了表述动能和力的关系，我们构建"功"的概念。功被定义为力乘以物体沿着力的方向运动的距离，写作公式是：

$$W = FS$$

其中，W 代表力 F 做的功，S 代表物体沿着力的方向前进的距离。数学上不难证明，功和能量有一个很简单的关系：功等于物体的能量增量，如果不考虑势能变化，它就是物体的动能增量。也就是说，当物体从静止开始被力 F 牵引前进了 S 距离后，它的动能是：

$$E_k = \frac{1}{2}mv^2 = FS$$

回到最初光滑斜面上物体下滑的例子，除了从重力势能的视角来分析，我们也可以从做功角度来分析。我们将重力看作**系统外**的力，那么物体的动能增量就等于重力做的功：

$$E_k = \frac{1}{2}mv^2 = GH$$

其中，G 是重力，H 是物体沿着重力的方向（向下）移动的距离。这个结果和刚才一致。

我们现在可以探讨开放系统的能量问题了。在开放系统中，总能量可能不守恒，其变化取决于系统外力对系统做功的总和。这就是功与能量的关系。

第 8 章

简单机械

人通过对物理规律的理解与运用，设计出精巧的工具，延伸人体自身的机能，突破生理极限。人的奔跑速度有限，但可以借助汽车高速畅行；人无法飞翔，但可以借助飞机翱翔天际；人的体力有限，但可以借助起重机、挖掘机获得千钧之力。相比这些复杂的工具，日常生活中有许多更简单的机械装置，它们不仅帮助我们解决许多问题，也是构成复杂机械的最小单元。本章介绍一些最常见的简单机械及其物理原理。

使用机械的目的有很多，比如增加力量。我徒手很难举起汽车，但我可以借助千斤顶。又比如，使用机械可以节省距离。骑自行车时，脚略微一蹬就能把车骑出很远。再比如，使用机械可以改变力的方向。通过滑轮，我可以通过向下拉的方式把重物举起来。

斜面

我们先看一个最简单的机械：斜面。斜面太简单了，简单到你不会把它和"机械"这个词联系起来。但懂得斜面的原理后，你就会发现，生活中有很多机械本质上就是斜面。

斜面的主要作用是省力。比如我想把一个重物抬到高度为 H 的地方，但我抬不动它。我可以搬一个高度为 H 的斜面，然后沿着斜面把物体推上去（见图 8-1）。斜面越平缓，推起来越省力。斜面可以省多少力呢？我们用第 7 章介绍的功和能量来分析。

不论是否利用斜面，物体的最终状态都是一样的，也就是说，两种方式做的功相同。

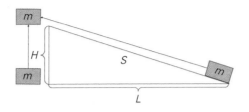

图 8-1 斜面省力分析

第一种情形：不用斜面，徒手把物体托上去。物体的移动距离是高度 H，那么使用的力做的功为：

$$W = F_1 H$$

第二种情形：沿着斜面推物体，那么物体的移动距离是 S。为了便于讨论，我们假设斜面光滑，没有摩擦力。此时力做的功是：

$$W = F_2 S$$

结合两个公式，可以得出：

$$F_2 = \frac{W}{S} = \frac{F_1 H}{S} < F_1$$

注意，因为 S 比 H 大，所以斜面上的推力比物体重力小，达到了省力的效果。S 越大，斜面越平缓，越省力。

当了解斜面省力的原理之后，你会发现很多机械本质上就是斜面。比如，一块木头上有一条缝隙，我想沿着缝隙把木头掰开，但木头非常坚硬，很难直接用力掰开。这时我用一个尖锐的三角形物体——楔子——插入缝隙里，然后用锤子向下敲击楔子，就可以轻易地把缝隙撑开（见图8-2）。

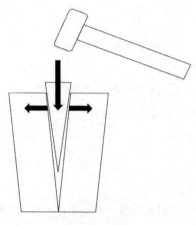

图8-2　楔子

　　楔子本质上就是斜面。我想达到的效果是在短边方向产生向两边的力，而锤子向下砸相当于沿着斜面施力。只不过这里我要移动的不是物体，而是斜面本身。楔子越尖锐，斜面越平缓，省力效果越好。

　　我们甚至可以旋转斜面。仔细观察螺钉，你会发现螺纹其实是旋转的斜面，就像旋转扶梯一样（见图8-3）。拧螺钉的目的是把螺钉固定在物体里，并且产生很强的咬合力，使之无法轻易脱落。咬合力是沿着螺钉轴线方向的，非常大，想直接将螺钉推进去是不可能的。因此，我们通过螺丝刀旋转螺钉，沿着斜面施加较小的力，在物体里刻出螺线，就像在斜面上推物体一样把斜面自己推进物体里。

图 8-3　旋转的斜面

　　瓶盖也是像螺纹一样的旋转斜面。拧紧瓶盖的过程就是沿着螺纹斜面推瓶盖，在竖直方向产生巨大的咬合力，把瓶盖和瓶口紧紧地固定在一起。

转动机械

　　有一大类机械，它们的用法是绕着某一个固定点旋转，比如杠杆、滑轮等，我们称之为"转动机械"。

　　我们先看一个杠杆（见图 8-4）。杠杆上有一个固定的点，称为支点。杠杆可以绕支点旋转。杠杆右端放着一个重力为 G 的重物，向下压着杠杆；杠杆左端是人向下压的力，大小为 F。杠杆支点到左右两端的距离分别为 d_1 和 d_2。

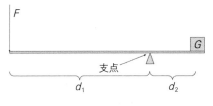

图 8-4　杠杆

生活经验告诉我们，d_1 越长，也就是力 F 离支点越远，我们可以用越小的力气来抬起重物 G。这就是阿基米德说的：“给我一个支点，我可以撬起地球。”F 和 d_1 满足什么关系呢？下面我们从做功和能量的角度来寻找它们的关系。

假设杠杆左端沿着 F 的方向向下移动了一段距离 h_1，同时右端被抬起了 h_2（见图 8-5）。对杠杆来说，它受到两个力：F 和 G。两者都对它做了功。回顾第 7 章，功是力乘以物体沿着力的方向运动的距离。h_1 沿着 F 的方向，因此 F 做的功是：

$$W_F = Fh_1$$

然而，因为 h_2（向上）和 G（向下）的方向相反，所以做的功应该写作：

$$W_G = G(-h_2)$$

杠杆在支点上也受到力。但是因为支点本身没有动，所以这个力没有做功。

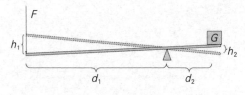

图 8-5 杠杆的做功分析

通过功和能量的关系，我们知道，两个功相加，应该等于杠杆的能量增量。假定杠杆本身很轻，质量可以忽略不计（不然计算 F 时还要算上杠杆本身的重力），那么杠杆的重力势能变化忽略不计。F 向下推的过程很缓慢，杠杆运动速度很小，动能变化也忽略不计。因此，杠杆的总能量没有变化。

$$W_F + W_G = Fh_1 + G(-h_2) = 0$$
$$Fh_1 = Gh_2$$

因为 $F < G$，所以 $h_1 > h_2$。这个结论告诉我们：尽管用杠杆可以省力，但 F 需要作用更长的距离。杠杆是通过花费距离来达到省力的效果的。做的功并没有变，能量是守恒的。

如果熟悉几何学，那么你会发现图中的两个三角形是相似关系，于是 h_1、h_2、d_1、d_2 这四个量满足以下等式：

$$\frac{d_2}{d_1} = \frac{h_2}{h_1}$$

结合上述公式，得到：

$$Fd_1 = Gd_2$$

这就是 F 和 d_1 的关系。仔细观察这个等式，它其实代表了一种平衡。F 的效果是让杠杆绕支点逆时针旋转，G 的效果相反。为了让杠杆保持平衡，这两个努力必须相等，互相抵消。因此，我们可以引入一个概念来描述这种让杠杆旋转的努力：力矩。定义如下：

$$T = FD$$

其中，F 是施加于物体的力，D 是支点到力的垂直距离（称为力臂）。如果说力描述的是改变物体运动状态的能力，那么力矩描述的就是改变物体**转动**状态的能力。施加在物体上的力越大，物体的运动速度增加得越快；施加在物体上的力矩越大，物体的转动速度增加得越快。

于是，杠杆平衡条件可以描述为：它受到的顺时针力矩等于逆时针力矩。

我们可以更进一步，把这个推导过程推广到更一般的情形，即物体受到不止两个力。你可以试着构造一个场景，然后重复以上论证过程，将杠杆平衡条件推广。其实推广后的结论很简单，那就是杠杆受到的顺时针力矩总和等于逆时针力矩总和。

杠杆在生活中的应用数不胜数。以钳子（见图 8-6）为例，F_1 是手向里握的力，F_2 是另一端的阻力。因为手握的柄比较长，所以用比较小的力 F_1 就可以产生比较大的力 F_2，从而达到省力的效果。

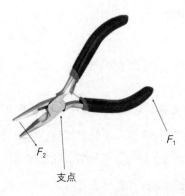

图 8-6　钳子

　　杠杆的支点不一定在中间，也可以在一端，两个力在支点的同一边（见图 8-7）。此时，重物压力产生的力矩是沿逆时针方向，所以另一个力的方向向上，沿顺时针方向产生与之抵消的力矩。

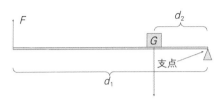

图 8-7　另一种杠杆

　　吃蟹用的钳子就是这种结构（见图 8-8）。把整只蟹腿放在靠近支点的区域，手握的地方离支点较远，就可以用较小的力 F_1 产生较大的力 F_2，把蟹腿压碎。

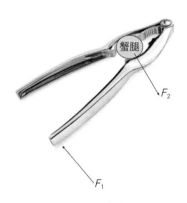

图 8-8　蟹钳

　　筷子其实也是一种杠杆，但它的效果不是省力，而是费力（见图 8-9）。第一类杠杆省力的代价是增加力作用的距离，那么反过

来，这类杠杆费力的好处就是缩短力作用的距离。筷子的支点在手
的虎口处。我们通过四指控制筷子，在筷子另一端产生压力夹住食
物。手的施力点离支点较近，筷子头的受力点较远，与蟹钳的设置
相反。这么设计是因为夹取食物本身不需要太大的力，所以宁可费
一点儿力，换取节省距离的便利。四指只要稍稍一动，就能让筷子
尖在很大的范围内移动。

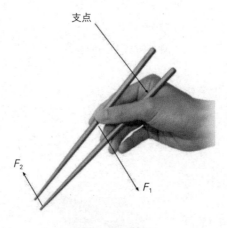

图 8-9　筷子

　　人体肌肉也是一种费力杠杆（见图 8-10）。以手臂上的肱二头
肌为例，肌腱（也就是肌肉连接骨骼的地方）离支点（也就是肘关
节）很近，力臂很短。为了平衡手上拿的重物，肱二头肌需要保持
紧张，提供拉力，这个拉力比重物所受的重力大。如果需要把重物
抬起，肱二头肌就需要收缩，让小臂围绕肘关节逆时针旋转。相比
于手的运动距离，肌肉收缩的幅度要小得多，这样才能通过轻微的
收缩控制手臂的大幅度运动。

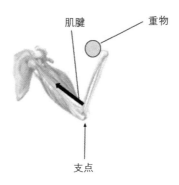

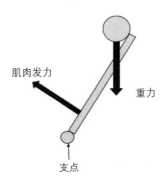

图 8-10　肌肉（本图在 CC BY-SA 4.0 许可证下使用）

还有一种杠杆，它不是通过调整力，而是通过移动施力点来改变力矩。老式秤就属于这种杠杆（见图 8-11）。需要称重的物体放在右边托盘上，左边砝码所受的重力是固定的。移动砝码的位置，直到秤平衡。此时，从秤杆上读出砝码所在位置，就可以计算物体的重量。原因如下所示。

$$Gd_2 = Fd_1$$
$$G = F\frac{d_1}{d_2}$$

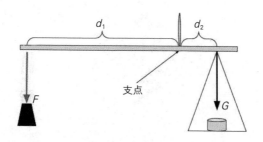

图 8-11　老式秤

下面我们来分析一个比较复杂的杠杆组合，即自行车，其中涉及两组杠杆（见图 8-12）。

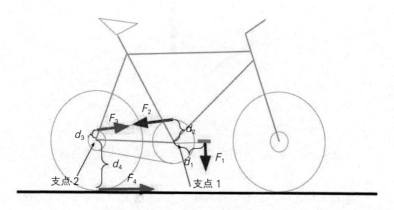

图 8-12　自行车

第一组杠杆是踏板所在的圆盘，圆心是支点，踏板提供动力 F_1，力臂 d_1 是踏板到圆心的距离，产生顺时针力矩。链条上方向后拉的力是阻力 F_2，力臂是圆盘半径 d_2，产生逆时针力矩。两者平衡：

$$F_1 d_1 = F_2 d_2$$

链条将力传递给后轮。F_2 是链条施加给踏板轮盘的阻力。对于后轮来说，F_3 就是链条施加给后轮的动力。F_2 和 F_3 互为反作用力，大小相等，方向相反。第二组杠杆以后轮圆心为支点，F_3 是动力，力臂为后轮齿轮半径 d_3，产生顺时针力矩。阻力是地面给轮胎的向前的摩擦力 F_4，力臂是后轮半径 d_4，产生逆时针力矩。两者平衡：

$$F_3 d_3 = F_4 d_4$$

注意，地面产生的向前的摩擦力对自行车来说是动力，推动自行车前进。同时，前轮会受到向后的摩擦力，阻碍自行车前进。两者相互抵消后，剩余的就是推动自行车前进的动力。结合两个等式：

$$F_4 = F_1 \frac{d_1}{d_2} \frac{d_3}{d_4}$$

观察 $d_1 \sim d_4$ 的大小，可以发现 F_1 右边的组合小于 1，于是 $F_4 < F_1$，所以两组杠杆综合的效果是费力，节省脚在踏板上的运动距离。

　　有一类变速自行车，后轮的齿轮不是一个，而是一组半径不同的齿轮。当你改变速度挡位时，会有一个装置把链条调整到相应的齿轮上，产生的效果是改变齿轮半径 d_3，进而改变上述公式的组合项：

$$\frac{d_1}{d_2} \frac{d_3}{d_4}$$

这一项越大，骑车越费力，但也更节省距离，轻轻一蹬就可以骑出很远，适用于平缓的公路。这一项越小，骑车越省力，但需要蹬的距离较长，适用于像上坡这种比较费力的场合。

机械效率

到目前为止，我们讨论的情形都是所有动力做的功百分之百地通过机械传递出去，没有任何损耗。这种机械称为理想机械。理想机械在现实中是不存在的，因为总是有摩擦、空气阻力等因素，把输入能量以某种形式转换成别的能量损耗掉。比如在光滑的斜面上，推力做的功完全转换为物体增加的重力势能。但是，如果斜面不光滑，有摩擦力，就需要施加额外的力来抵抗摩擦力，这部分额外的力所做的功就被认为是损耗。于是，我们可以定义"机械效率"，来描述做的功里有百分之多少转换成了输出的能量。

$$机械效率 = 能量输出 / 做功输入$$
$$能量损耗 = 做功输入 - 能量输出$$

能量损耗越大，机械效率越低。如果一个机械由很多简单机械组合而成，那么每一个环节都会损耗能量，降低机械效率。因此在设计机械时，要尽量减少能量损耗，提升机械效率。

第 9 章

对称

对称是自然界中非常常见的特征，也是物理理论中极其重要的概念。当今的物理理论呈现出非常强的对称性。这不仅是对于自然现象的忠实表述，还有一层更深的含义：对称和守恒有着非常紧密的联系。本章着重介绍对称的种类及物理理论遵从的对称性，第10 章探讨对称和守恒的关系。

自然界中最常见的对称是左右对称。在动物界中，除了少数物种（比如寄居蟹、比目鱼等），绝大部分动物，无论是器官还是花纹，都呈现出高度的左右对称。人也不例外。达·芬奇在名画《维特鲁威人》中描绘了左右完美对称的人体比例（见图 9-1）。

你或许已经对动物界的左右对称现象司空见惯，但是你仔细想一想，这是一件非常神奇的事。通常来说，生物界通过遗传变异以及和环境交互作用，会演化出非常强的多样性。但是，为什么绝大部分动物，无论经过多少代繁衍，都严格保留了左右对称的外观？相比之下，为什么很少在植物中见到左右对称现象？我们不太会见到一棵树左右完全对称。

不过，动物（包括人类）也呈现出细微的左右不对称，这主要表现在内脏器官的布局上。人的心脏偏左，肝脏偏右，肠道系统绕着一个特定的方向排布。人的大脑，虽然外观上看上去左右对称，但左右脑在功能分工上有显著的不同。

日常生活中的左右对称还呈现在建筑中。中国的故宫太和殿、印度的泰姬陵、法国的巴黎圣母院和凯旋门，都以左右对称的设计给人一种庄严肃穆、大气恢宏的感受。

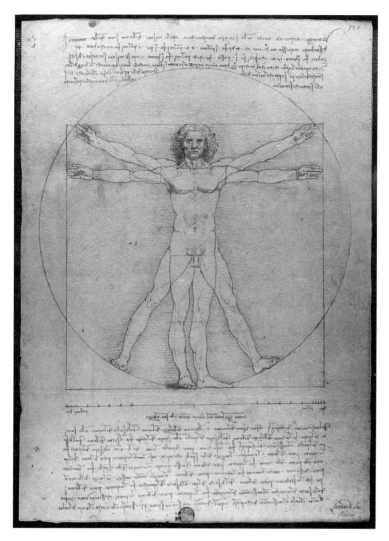

图 9-1 《维特鲁威人》

对称不仅体现在空间上，也体现在时间上。比如苏轼的《记梦回文二首》，是两首回文诗。

一：

酡颜玉碗捧纤纤，乱点馀花唾碧衫。

歌咽水云凝静院，梦惊松雪落空岩。

二：

空花落尽酒倾缸，日上山融雪涨江。

红焙浅瓯新火活，龙团小碾斗晴窗。

回文诗的特点在于，把诗歌倒过来，依然能够组成流畅的诗篇。

一：

岩空落雪松惊梦，院静凝云水咽歌。

衫碧唾花馀点乱，纤纤捧碗玉颜酡。

二：

窗晴斗碾小团龙，活火新瓯浅焙红。

江涨雪融山上日，缸倾酒尽落花空。

回文作品在西方也有。德国作曲家巴赫有一首曲子叫《螃蟹卡农》（见图 9-2），它由两个声部构成。第一声部就是第二声部倒过来；当然，第二声部也是第一声部倒过来。两个声部合起来有一种奇妙的对称感。

看了这么多例子，想必你对"对称"有了直观感受。现在归纳一下，究竟什么是对称。

对称是客体（物体、系统、环境等）的一种性质，它经过某一种**操作**后，结果与操作前完全一样。这种性质称为客体在这种操作下对称。当我们说客体具有对称性时，一定要指明其对应的对称操作是什么。

图 9-2 巴赫的《螃蟹卡农》

蜂巢是柱状结构，由蜂蜡构成的六边形壁之间储存着蜂蜜。如果沿着蜂巢的横截面切开，可以看到清晰的六边形结构。将整个截面沿着左、右、左上、右上、左下、右下任意方向平移一格，那么平移后的形状和平移前基本上是一样的。当然，实际形状不可能是严格的六边形，每一格也略有不同，不过我们着重整体结构的对称性，可以忽略细微差别。

以上是平移对称。还有一类对称，即旋转对称。一个物体围绕轴线，向一个方向旋转一个角度后，和原来一样。比如正六边形的雪花，绕中心顺时针或逆时针旋转 60 度后不变。一个正五边形的海星，绕中心旋转 72 度后不变。圆具有比较特殊的旋转对称性，因为它无论绕圆心转多少度都不变。在数学上，雪花和海星的对称称为离散旋转对称，圆的对称称为连续旋转对称。

本章一开始举的左右对称的例子，是一种镜像对称。顾名思义，物体的一半好比是另一半在镜子里的影像，镜子位于物体的中轴线上。"照镜子"就是对称操作。

还有一种标度对称，或者称为"自相似对称"。你可能听说过"分形"，它就是这种结构。图 9-3 所示的图案是"谢尔宾斯基地毯"，它是一个九宫格，除了中间那格是纯黑外，其他八格完全相同。仔细观察八格中的任意一格，你会发现它和整个图案的结构是一样的，也是由 8+1 的九宫格构成，只是尺寸为大图的三分之一。这种局部和整体相似的结构，就是自相似对称。对称操作是放大为原来的三倍或缩小为原来的三分之一。

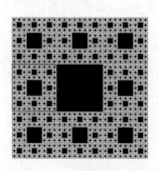

图 9-3　谢尔宾斯基地毯

　　鹦鹉螺的横截面呈现出非常优美的自相似结构（见图9-4）。仔细观察它的螺纹，你会发现同样的螺旋结构从里向外扩大延伸。如图中标注的六个区域所示，它们的形状是一样的，只是大小不同，并且朝向不同的方向。

图9-4　鹦鹉螺（见彩插）

　　还有一种对称比较抽象，但对物理学来说极其重要，那就是置换对称。它是指：一个系统由许多元素构成，其中某个元素和另一个元素相互交换的话，整个系统没有发生变化。比如三阶魔方有六面，每一面由九个颜色相同的小片构成。如果我把其中两块（比如说白色）抠下来，互换位置后再贴回去，那么这个魔方依旧保持原样。

　　"粒子宇宙图景"一章强调，物理学的基本方法就是把物体拆分成完全相同的最小单位（原子、分子等），这些最小单位是不可区分的，或者说是"全同"的，所以它们符合置换对称。粒子的全同性，即置换对称性，在量子力学中有着非常重要的意义。

对称概念不仅适用于物体，也适用于物理理论：当理论描述的现象经历某种对称操作后，理论依然适用，那么理论就具备这种对称性。这个表述有些抽象，我们来看一个具体的例子。

当今物理理论的对称性非常强。我们将对称分为两种，一种是连续对称，另一种是离散对称。首先介绍三种连续对称：时间平移对称、空间平移对称、空间旋转对称。

想象宇宙中有一个封闭的空间站。由于离所有行星都非常遥远，因此它可以被看作封闭系统。空间站里有一套测量静电力的装置。经过一系列实验后，我们发现了库仑定律。过了一段时间，我们再去重复研究，发现库仑定律依然成立。世界往未来平移了一段时间后，库仑定律依然适用，我们无法通过研究静电力这个行为来判断自己是在时间平移前还是平移后。"时间平移"对于库仑定律来说是一种对称操作。时间平移对称的含义是：对于物理理论来说，宇宙中的所有时间点的地位都是等同的。没有一个时间点比其他时间点更特殊。

同样的想法对于空间平移也适用。如果我们把空间站向某个方向平移一段距离，再去做实验，依然得到库仑定律。因此，空间平移对库仑定律来说也是对称操作。空间平移对称的含义是：对于物理理论来说，宇宙中的所有位置的地位都是等同的。没有一个位置比其他位置更特殊。

空间旋转也是如此。如果我们将空间站绕着某条轴线旋转一定角度，得到的实验结果不会发生改变。宇宙中不存在某个特定的角度让库仑定律成立，而在其他角度不成立。空间旋转对库仑定律来说是对称操作。空间旋转对称的含义是：对于物理理论来说，宇宙中的所有**方向**的地位都是等同的。没有一个方向比其他方向更特殊。

不仅库仑定律如此，我们如今所有的物理理论，都满足这三种连续对称性。这三种对称性之所以称为"连续"，是因为无论你移动多么小的时间、空间、角度，对称性都是满足的。用数学语言来描述的话，那就是对称操作构成的抽象空间是连续的。

与连续对称对应的是离散对称。我们也介绍三种：电荷对换对称（用 C 代表）、镜像对称（用 P 代表）、时间反演对称（用 T 代表）。

还以静电力为例，我们用正数表达正电荷的电量，用负数表达负电荷的电量。我们知道同性相斥、异性相吸。假设某一刻，世界上所有电荷突然改变符号，原来的正电荷变成等量的负电荷，原来的负电荷变成等量的正电荷。此时，我们观察到的静电力没有变化，依然满足库仑定律。电荷对换操作对库仑定律来说是对称操作。

前文介绍了镜像操作。假设宇宙中有一面镜子，整个世界突然变成了它在镜子中的影像。如果物理理论在新世界中依然成立，那么镜像操作对这个理论来说就是对称操作。万有引力定律和库仑定律无疑是满足这种对称性的。注意，镜像操作和空间旋转操作是两回事。比如，左手经过镜像操作后变成右手，但左手无论怎样旋转都不会变成右手。

时间反演就是时间倒流。假设某一刻，整个世界从那刻开始往回倒流，如果我们研究的物理理论在这个倒流的世界里依然成立，那么时间反演对这个物理理论来说是对称操作。万有引力定律和库仑定律显然是符合时间反演对称的，因为这两个理论中没有时间项，它们是某个时间切片上的静态理论，不研究动态过程。

这三种对称被称为"离散对称"，是指对象不能从一个状态逐渐地、连续地变成另一种与之对称的状态，而必须一下子变过去。用数学语言来描述的话，那就是对称操作构成的抽象空间是离散的。

前三种连续对称非常符合直觉。如果物理理论不符合它们，那么我们会觉得非常奇怪，因为那意味着宇宙中存在特殊的时间点、位置和方向。相比之下，后三种离散对称不是那么直观。如果物理理论符合它们，那么说明宇宙保持着一种精妙的平衡；但即使不符合，似乎也并非无法接受。

在我们熟悉的四种基本作用力中，万有引力、电磁力和强力都各自符合 C、P、T 三种对称。但是，在 1956 年，物理学家通过实验证明第四种基本作用力（弱力）违背 CP 联合对称 ①。这几位物理学家的名字大家耳熟能详，分别是提出理论的杨振宁、李政道，以及设计并完成实验的吴健雄。之后，物理学家又发现，弱力不仅违背 CP 联合对称，还分别违背 C、P 对称。在此之前，物理学家已经证明，一个符合狭义相对论的量子体系（我会在下册中详细介绍这两个理论）必定满足 CPT 联合对称。既然弱力违背了 CP 联合对称，那么它必然违背 T 对称，不然 CPT 联合对称也会被打破。因此，弱力不遵守 C、P、T 任何对称。

---

① CP 联合是指系统既经历电荷对换操作，又经历镜像操作。

物理理论中还有一种非常抽象的对称，称为"内禀对称"。之前介绍的六种对称都有比较直观的对称操作，但内禀对称是人为构造出来的一种数学操作。我们知道绝大多数原子核是由质子和中子构成的。物理学家发现质子和中子的质量很接近，而且质子之间、中子之间、质子与中子之间的强力也很接近。20世纪30年代，物理学家猜测[1]，质子和中子对强力来说可以被视作同一种粒子（不妨称之为"质中子"[2]）的不同状态，并且可以用一个新的物理量来描述这种粒子是质子还是中子。这个物理量称为"同位旋"[3]。"质中子"的同位旋只可能有两个值，分别对应质子状态和中子状态。对强力而言，同位旋就是一种内禀对称，意思是当所有质子变成中子，并且所有中子变成质子时，强力理论没有变化[4]。你或许会说，中子不带电、质子带正电，它们怎么能在对换后不变呢？注意，电荷是针对电磁力而言的，现在我们讨论的是强力。物理理论允许物体仅在某个特定的属性范围内符合某种对称。

这里需要强调，物理理论的对称性，与客体的对称性之间存在区别。以时间反演为例，如果有一刻时间倒流，那么我们能从太阳西升东落发现区别，但此时所有星球的运动轨迹依然符合万有引力定律。尽管万有引力定律符合时间反演对称，但世界的运行本身并不符合。

---

① 提出这个想法的是大名鼎鼎的德国物理学家、量子力学先驱之一：海森伯。我们会在下册中关于量子力学的一章中详细了解他的贡献。

② 这个名字是我编的。

③ 注意，同位旋和第6章提到的"弱同位旋"是不同的概念。

④ 我们今天知道，同位旋对称性不是严格的对称性，而是一种"全局近似味对称性"。

这种区别在现实生活中比比皆是。比如，生物的遗传物质 DNA（脱氧核糖核酸）的分子结构是双螺旋结构，它有两条链互相螺旋交错缠绕（见图 9-5）。双螺旋有两种旋转方法：一种是像图 9-5 所示的那样，从下往上看顺时针旋转；另一种就是反过来。注意，一个右旋 DNA 和一个左旋 DNA 互为镜像。右旋 DNA 无法通过旋转和平移变成左旋 DNA，反之亦然。左右旋也称为"手性"，就像左手和右手的区别。

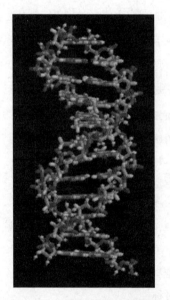

图 9-5　右旋 DNA（见彩插）

照理来说，决定 DNA 分子特性的物理理论都是符合镜像对称的，那么左旋 DNA 和右旋 DNA 没有本质区别，如果是随机产生的，数量上应该差不多才对。但是，事实上生物体中绝大部分 DNA 是右旋的，只有极小部分是左旋的。

蛋白质分子也呈现出特定的手性。氨基酸是构成蛋白质的基本单位，它的分子形状是以碳原子为中心的四面体（见图 9-6）。这种四面体有手性，一个左手分子通过镜像操作后变成右手分子，而不能通过平移和旋转变成右手分子。因为决定氨基酸分子性质的物理理论是符合镜像对称的，所以左右手氨基酸分子应该差不多常见才对，事实上两种手性分子在实验室中可以以同样的概率制备出来。然而，生物体中的绝大部分天然氨基酸是左手性的。

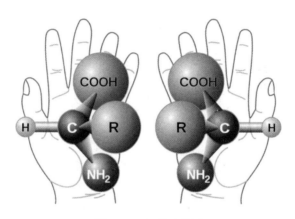

图 9-6　氨基酸分子

为什么对称的理论能产生不对称的现象呢？有一个很重要的机制，称为"自发对称性破缺"。

想象有一个半球形的碗倒扣着放在桌上，碗顶有一个小球（见图 9-7）。碗和小球构成的整体符合旋转对称，碗的所有半径方向都是等同的，没有一个方向比其他方向特殊。但是，我们知道这种结构是不稳定的，只要有轻微的扰动，小球就会偏向某一个方向，然后它会沿着这个方向加速，越滚越快，打破原先的旋转对称性，也就是对称性发生了**破缺**。这个扰动不是由一个人有意识地造成的，而是随机产生的，比如空气的流动，或地面的震动。扰动随时可能发生，也可能向任何方向推动小球。我们所处的环境充满着各种扰动，因此我们不能去"责怪"这些扰动是打破对称性的根源。你可以想象，如果碗口向上、小球位于碗底，那么任何微小的扰动都不会让小球从一个方向飞出去，小球很快会回到在碗底的位置。因此，导致对称性破缺的根源是碗的形态，或者说是小球所处的力学环境。

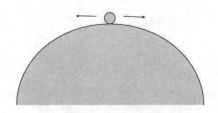

图 9-7　自发对称性破缺示例

这种由不稳定的结构产生的对称性破缺，称为自发对称性破缺。

自发对称性破缺在物理学中扮演着非常关键的角色，它解释了为什么基础理论是对称的，而理论所描述的世界常常是不对称的。它可以解释许多物理现象，包括物体的相变、永磁铁的产生，甚至可以解释基本粒子质量的来源——这个理论称为"希格斯机制"，是近代物理中非常核心的理论。我会在下册的"规范场论与标准模型"一章中介绍这个理论。

自发对称性破缺在日常生活中也很常见。你有没有思考过，为什么大部分文字（现代中文、英文等）采用从左往右写的方式，但也有一小部分文字（比如阿拉伯文、希伯来文、波斯文等）是从右往左写的？对于交流的目的，从左往右或从右往左都是可以的，这两个方向是对称的。但是，对使用同一种文字的人群来说，他们需要有统一的书写方式，这样书面交流才不会乱套。因此，只要一开始有一小部分人采用某种书写方式，那么整个人群就会逐渐采纳这种方式，而不会允许两种方式长期并存。这就好像碗顶小球一旦受到了扰动，就会朝着一个方向加速滚动。同样的道理也可以解释为什么有些国家的汽车靠马路右侧行驶而有的国家靠左侧，以及为什么我们看到的时钟指针都是顺时针旋转，而没有一个地方采用逆时针旋转的时钟指针。

以上初步介绍了物理理论中的对称概念。在 20 世纪，随着广义相对论和规范场论的发展，物理学家对对称的理解上了一个新台阶。并且，物理学家对"实体"的认识从场本位转向了对称本位。我们会在下册中探讨进阶的对称概念。

第 10 章

动量、角动量、对称与守恒

作为物理学中的两个非常核心的概念，守恒与对称有着深刻的关系。

在介绍这种关系之前，我先介绍几种除能量以外的守恒量。回顾一下能量守恒：能量描述了物体的运动和可以转化为运动的潜能。前者称为动能，后者称为势能。每一种基本作用力都有相应的势能。一个封闭系统的能量是守恒的。注意，仅仅动能本身不一定守恒，动能和势能加起来才守恒。当有外力对这个系统做功时，功会转化为能量附加在系统原有能量之上。

通过这个逻辑，我们发现，能量并不总是能很好地描述物体的运动。一方面，如果仅仅考虑动能，那么它常常不守恒。另一方面，即使动能守恒，也不代表运动是合理的。下面看一个例子。

光滑的水平面上，有两个质量相同的球，绿球静止，蓝球以速度 v 向绿球中心撞去（见图 10-1）。根据常识，我们可以猜测撞击后的运动，应该是蓝球静止，绿球以速度 v 向右运动，也就是情形 A 所描述的。这个过程是符合能量守恒的，因为碰撞前后两个球的动能总和相等，相当于动能从蓝球转移给了绿球。因为这里不考虑两球在碰撞前后的相互作用，所以没有势能变化。

我们可以假想另一种情况，即情形 B：碰撞后绿球没有动，蓝球以速度 v 被反弹回去。这个过程也符合能量守恒，因为蓝球和绿球各自的能量都没有变，只是蓝球的运动方向改变了。但是，只有情形 A 是符合常识的。也就是说，一个符合能量守恒的过程（情形 B）未必是真实的。

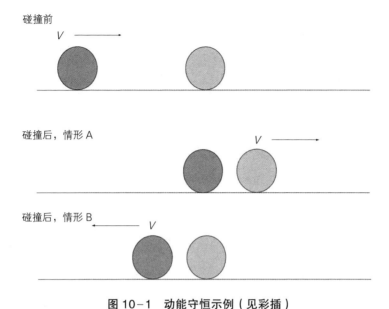

图 10-1　动能守恒示例（见彩插）

　　于是我们思考：能否构造出这样一个区别于能量的守恒量，它既可以用来专门描述物体的运动，又可以排除情形 B 这种不符合常识的过程？

　　答案是肯定的，这个量称为"动量"。为了避免正文出现太多公式，这里直接给出结论。推导过程请参考附录。

　　动量写作 P，定义为物体的质量乘以速度：

$$P = mv$$

动量之所以如此定义，是因为封闭系统的动量之和守恒。

　　回到刚才两个小球的例子。碰撞前，蓝球的动量是 mv，绿球的动量是 0，两者动量之和为 mv。碰撞后，在情形 A 中，蓝球停止，动量为 0，绿球的动量为 mv，两者动量之和为 mv，和碰撞前相同，符合动量守恒。再看情形 B，绿球停止，动量为 0，蓝球的速度是 v，但方向向左，所以动量应该写为 $m(-v)$，也就是 $-mv$，两球总动量是 $-mv$。尽管大小和碰撞前相同，但方向变了，和碰撞前不守恒。因此，只有情形 A 是符合物理规律的。

这里需要强调，动量和动能不同，它是有方向的，动量的方向和速度的方向相同。而动能和质量一样，只是一个数，没有方向。在数学上，动量和速度都是**矢量**，动能和质量都是**标量**。但是，有一点很重要，也常常被人忽视：不是所有有方向的量都是矢量。矢量有着更严格的规定。有些有方向的量，比如力矩、角速度、角动量、磁场强度等，称为"赝矢量"。我们稍后解释两者的区别。

不论系统成员之间的相互作用如何复杂，只要这个系统没有受到外力，所有系统成员的动量之和就一定是守恒的。假设太空中飘浮着一颗静止的炸弹。突然发生爆炸后，炸弹的碎片会向四面八方弹射出去。如果我们有能力追踪每一块弹片，那么就可以计算它们各自的动量，然后相加。注意，动量有方向，不同方向的弹片的动量会互相抵消。不论弹片的质量、速度大小有多不均匀，将所有弹片的动量相加后，总动量也一定和爆炸前一样，等于零。但是，爆炸前后动能不守恒。爆炸前炸弹静止，动能为零；爆炸后每块弹片的速度都很大，动能叠加起来非常大。这些动能是由炸弹内部的化学能转换而成的。

动量守恒是非常强大的定律。我们可以观察一部分物体的动量，推断剩下物体的动量。但这里有一个前提条件，那就是系统不受外力。如果系统受外力，则动量会发生变化。我们已经知道，外力做功，会改变系统的能量。外力如何改变系统的动量呢？我们从牛顿第二定律出发：

$$F = ma = m\frac{\Delta v}{\Delta t}$$

其中，Δ 是希腊字母，读作 /'dɛltə/，放在一个物理量前面表示它的微小变化。公式两边都乘以 Δt：

$$F\Delta t = m\Delta v = \Delta P$$

所以，对一个物体来说，外力乘以作用时间（这个乘积称为"冲量"）等于它的动量改变量。这个论证也适用于多物体系统，因为物体之间的相互作用力不会改变它们的动量总和，只有外力的冲量才能改变系统总动量。

对比功和能量的关系，如下所示。

$$FS = \Delta E$$
$$Ft = \Delta P$$

我们可以这样理解：力在空间上的积累（也就是做功）改变系统的能量，力在时间上的积累（也就是冲量）改变物体的动量。

事实上，不存在不受外力影响的系统。然而，当讨论一些非常短暂而剧烈的运动过程时，我们依然可以认为动量守恒。这是因为在极短的时间里，力所产生的冲量很小，相比于系统的总动量可以忽略不计，总动量几乎没有改变。比如打桌球，用白球撞击黑球，碰撞前后两球的总动量是守恒的。这是因为碰撞过程很短，这段时间外力（主要是桌面的摩擦力）积累的冲量可以忽略不计。再比如，地面上空的炮弹爆炸，所有弹片的动量总和与爆炸前炮弹的动量相同。这是因为爆炸时间非常短，外力（主要是重力）积累的冲量可以忽略不计。

之前介绍转动机械时，我们引入了力矩的概念。力矩可以和力类比：力的作用是改变物体移动的状态，力矩的作用则是改变物体围绕支点转动的状态。既然我们构造出了动量，用来描述物体的移动状态，那么可否类比构造一个描述物体转动状态的量呢？如果可以，那么这个量是否和动量一样，满足某种守恒？

答案是肯定的，这个量称为"角动量"。这里直接给出角动量的公式，推导过程请参考附录。角动量 L 被定义为旋转物体的转动惯量 I 乘以角速度 ω（希腊字母，读作 /oʊˈmɛɡə/）。

$$L = I\omega$$

角速度指单位时间旋转的角度，类比于速度。转动惯量类比于质量，它描述了物体在外力矩下是否容易被转动。转动惯量不仅和物体质量有关，还和质量分布有关。同样质量、同样尺寸的物体，如果质量都分布在远离轴心的位置，那么它的转动惯量较大。

角速度和角动量都是有方向的。它们的方向用**右手定则**来规定（见图 10-2）。举起右手，弯曲四指，竖起大拇指，四指指向的是物体旋转方向，那么大拇指指向的就是角速度和角动量的方向。注

意，右手定则是一个**约定**，不是规律。如果所有人都改用左手定
则，那么物理定律没有任何实质变化。

图 10-2　右手定则

通过角速度方向的定义，我们发现，这个有方向的量和速度不
太一样。它的方向不是直接描述物体在三维空间中运动的方向，而
是人为构造出来的一个方向。这并不是说人为构造出来的方向就低
一等。只要它和矢量满足同样的对称关系，它就是矢量。下面我们
仔细考察角速度的方向和速度的方向有何区别。

第 9 章讲镜像对称时提到，如果一个物体的运动在镜子里的
影像遵循和物体本身一样的物理规律，那么物理理论就符合镜像对
称。在下面这个例子中（见图 10-3），镜子沿着 Y 方向摆放，物体
的速度朝右上的话，它的影像的速度朝左上。也就是说，速度在 Y
方向的分量不变，在 X 方向相反。这是矢量在镜像中的表现。再看
角速度：如果速度按上述关系变换，那么根据右手定则，角速度的
X 分量不变，Y 分量相反，刚好和速度反过来。可见，在镜像变化
下，角速度和矢量的表现是不同的。我们把符合这种变换关系的量

称为"赝矢量"或"轴矢量"。角速度和角动量都是赝矢量。赝矢量的这个性质在杨振宁、李政道、吴健雄发现弱相互作用下宇称不守恒的过程中起到了关键的作用。

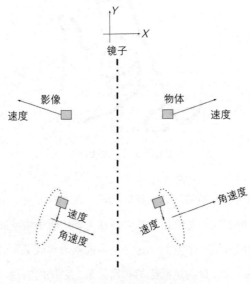

图 10-3　矢量与赝矢量

回到守恒的话题。回顾我们推导动量守恒的过程，其关键在于力在时间上的积累等于每个物体动量的变化，而牛顿第三定律保证了相互作用力在两个物体上的效果是互相抵消的，于是封闭系统内各成员的动量就此消彼长，总量守恒。这套逻辑在转动中也是完全适用的。需要注意的是，对于一个系统，我们必须选择一个公共的支点来讨论角动量，而不能使用每个物体各自的支点。支点不同，角动量的值也不同。在旋转的世界里，力矩在时间上的积累等于每个物体角动量的变化。牛顿第三定律保证相互作用力对于两个物体大小相等、方向相反，那么在同一个支点下，两者的力矩也是大小相等、方向相反。于是，力矩产生的角动量改变也在同一个封闭系统中此消彼长，总量守恒。在这里，封闭系统不是指外力为零，而是指外力矩为零。

这么说有些抽象，我们来看几个角动量守恒的例子。如果看过花样滑冰表演，你会发现有一个动作是运动员单脚站立，张开双臂绕身体轴线旋转，然后逐渐收回手臂，伴随着旋转变快。这个过程可以用角动量守恒来解释。在这个过程中，人受到重力和地面对站立脚的支撑力。这两个力互相抵消，合力为零。我们选取站立点为支点，这两个力都经过支点，力矩也都为零，所以人体可以看作封闭系统，角动量守恒。角动量等于转动惯量乘以角速度。前文提到，物体的转动惯量不仅和质量有关，也和质量分布有关。当运动员双臂张开时，更多质量分布在远离轴心的位置，转动惯量较大；当运动员收回手臂时，质量向里回收，转动惯量变小。角动量守恒，转动惯量变小，就意味着角速度变大。

作为封闭系统，人体的能量也应该守恒。运动员越转越快，是否意味着凭空产生了额外动能？注意，角速度变大，并不意味着动能增加。因为手臂收回了，所以运动幅度其实变小了。如果精确计算身体各部位的动能，你会发现总和是守恒的。

另一个例子是走路的姿势。当人迈出右腿时，左手会自然向前摆。如果同手同脚走路，你会觉得非常别扭。这背后也是角动量守恒在起作用。

人在走路时，受到重力和地面的支撑力。因为这两个力都没有力矩，所以角动量是守恒的。人走路时以腰为分界线，上半身与下半身的运动分开。右脚向前迈时，下半身逆时针旋转（从上往下看），角动量向上；左手向前摆，上半身顺时针旋转，角动量向下，两者互相抵消。因此，尽管走路时左右脚交替向前迈、左右手交替摆动，但人体的角动量其实始终为零，是守恒的（见图10-4）。

图10-4　走路时的角动量

本章一开始提到，物理学中的两个核心的概念，即守恒和对称，有着非常精确的对应关系。这种对应关系初看匪夷所思，但随着你对物理理解的深入，你会愈加感受到两者的深刻关系。这个关系是由20世纪德国数学家艾米·诺特（Emmy Noether）提出并证明的。这个定理称为诺特定理：

如果一个系统具备某种连续对称，那么一定存在一个与之对应的守恒量。

诺特定理的证明借助了高深的数学知识，本书不进行详细阐述。诺特定理不仅证明了对称和守恒的对应关系，还可以由对称操作构造出守恒量。

第 9 章介绍了三种连续对称，分别是时间平移对称、空间平移对称、空间旋转对称。诺特定理可以证明，它们所对应的守恒量分别是能量、动量、角动量。也就是说，如果一个系统在不同时间点都满足同样的物理定律，那么这个系统的能量一定守恒。如果一个系统在空间上平移了任意距离后物理定律仍然不变，那么系统的动量一定守恒。如果一个系统在空间中旋转任意角度后物理定律仍然不变，那么这个系统的角动量一定守恒。根据诺特定理，我们可以推导出能量、动量、角动量应该是什么形式。它们和我们之前构造出来的量完全一致。诺特定理是非常强大的工具。

诺特定理在近代物理中得到发扬光大。人们在场论、广义相对论、量子力学等近代理论中发现了更多连续对称性，比如规范对称、度规对称、相位对称等，于是人们根据诺特定理构造出新的守恒量。作为一条在经典物理时期提出的数学定理，诺特定理持续滋养着近代物理，扮演着越来越重要的角色。

第 11 章

声音

世界是由大量基本粒子构成的，基本粒子之间通过几种基本作用力互相影响。这幅世界图景可以帮助我们解释几乎所有自然现象。我们常常认为一些现象看上去和粒子没有关系，这是因为粒子非常非常小——原子比人的尺度小了 10 个数量级，质子和中子比原子还要小 5 个数量级——粒子小，意味着构成宏观物体和宏观现象的粒子非常非常多。

我们常说"量变引发质变"，这对物理学也适用。当大量粒子相互作用时，会在宏观上呈现出与少数粒子完全不同的性质。这给我们两点启示：首先，"量"会**涌现**出新的"质"，以层级结构逐步涌现；其次，我们必须构造新的概念和方法来描述不同层次的"质"。对于某些概念，比如万有引力、动量守恒等，我们可以将微观粒子的定义直接沿用到宏观物体；但对于绝大部分宏观现象，我们必须定义一些在微观层面不存在的概念，来更好地描述高层次的理论——尽管它们可以**还原**为微观粒子的运动与相互作用。

研究物理不应该止步于发现基本粒子与基本作用力，以为找到了世界运行的本质规律就万事大吉。这种寻找"本质"的理论，称为"还原理论"；与之对应的高层次的理论，称为"构建理论"。还原理论是物理理论的终点，构建理论是连接纷繁世界与终点的桥梁。还原理论走得有多远，构建理论就有多重要。

声学就是这样一个构建理论。在本章中，我们以粒子的运动为还原的终点，探讨声音的本质是什么，以及需要构造怎样的概念来描述声音的性质。

声音是如何产生的？你或许有这样的经验：拿一把有弹性的尺

子（塑料尺、铁尺都可以，木尺不行），使它露出半截在桌外，一只手把尺子摁在桌边，另一只手拨动露出端，你会看到半截尺振动的残影，并听到声音。露出长度不同，听到的音调也不同。

你有没有演奏过弦乐器？当你拨动吉他弦时，仔细观察弦，你会发现和半截尺类似的残影，最粗的低音弦最明显。如果肉眼很难观察，那么可以看慢放录像。

尺和琴弦都是声源。更确切地说，这些物体的**振动**是声源。其实，一切声源都来自振动。人说话，就是声带振动。把手放在喇叭表面，你能感觉到明显的振动。所谓振动，就是物体或物体的一部分围绕着某个中心位置来回快速地运动。

声音的传播有三个部分：声源、传播媒介和接收器。接收器可以是人耳，或者录音设备。声音是如何从声源传递到接收器的呢？究竟是什么"东西"在传播呢？

在回答这些问题之前，我们先来理解构建理论中的一个非常重要的概念：波。

波是日常生活中非常常见的现象。向平静的水面扔一颗石子，水面会泛起一圈圈涟漪，以石子为圆心向周围扩散开。你或许以为水分子伴随着涟漪从里向外运动，但其实所有水分子只是在做上下振动。如果涟漪上有一个小木块，你会发现木块只会上下运动，而不会远离圆心。

我们可以用一根绳子产生波。把绳子的一端固定住，手持另一端，上下甩动。你会发现，手边的绳子小段上下运动，会带动它附近的小段上下运动，然后这种上下运动的模式逐渐向固定端传播，就像水面的涟漪一样。

我们把这种传播模式称为"横波"。它是指，构成波的每个成员的运动方向（上下）和波的传播方向（左右）是垂直的。

还有一种传播模式，比如一根很长、很松的弹簧，一端系在右边的固定物体上，手持另一端，左右运动。手往右（朝向固定物体）时，靠近手的弹簧被压缩；手往左时，靠近手的弹簧被拉伸，此时它会压缩或拉伸右边那段弹簧。于是，这种拉伸、收缩的往复运动会沿着弹簧向右传播。与横波不同的是，传递波的每一小段弹簧都在左右振动，和波传递的方向相同。这种模式称为"纵波"。

这两种波可以同时发生。比如，将小球摆放成二维方阵，每个小球和它的四个邻居用弹簧连接。此时，小球既可以通过牵连运动产生横波，也可以通过弹簧压缩产生纵波。

声音是以哪种模式传播的呢？这取决于传播介质。我们知道，声音不仅可以通过气体传播，也可以通过液体、固体传播。潜水时，你是可以听到对方的说话声的，只是声音和空气中很不一样。如果你把耳朵贴在一根钢管的一端，敲击另一端，那么你可以听到从钢管里传来的声音。

我们先看最常见的情形，即声音在空气中的传播。首先提出一个可能有悖常识的性质：空气是有弹性的。拿一个密封良好的塑料袋，把口封好，里面装满空气，试着压一下袋子，你会感受到袋子里的气体被压缩，压强变大。这个性质和弹簧是一样的。当声源（比如尺）快速振动时，它带动了周围的空气，空气就像弹簧一样，通过压缩与舒张的交替变化，将这种振动以波的形式向四周传播开——这是纵波。注意，声源振动一定要快。如果你只是用手轻轻地在空气中挥动，那么手对周围空气产生的压缩效果很快会弥散在空气中。只有振动速度很快时，这种压缩 - 舒张运动模式才能稳定地传播出去。

声音在液体中的传播原理也是一样的，因为液体也有弹性，只是弹性相比气体要小一些，不那么容易被压缩。因此，声音在液体中也以纵波传播。

声音在流体中的传播遵循波动方程，其传播速度可以由方程的解得出。不过，推导和解波动方程需要比较高深的数学知识，我们不在这里深入讨论。声速的公式是：

$$c = \sqrt{\frac{K}{\rho}}$$

其中，c 是声速，根号里的分母 ρ 是气体或液体的密度，分子 K 是描述媒介坚硬程度的量（是和弹性相反的概念），称为"体积模量"。可见，介质密度越小，声速越大；介质弹性越好，声速越小。声音在常温常压空气中，每秒约传播 343 米；声音在水中每秒传播约 1.48 千米，是空气中的 4.3 倍左右。

声音在固体中的传播比较复杂，同时有横波和纵波两种模式。这是因为固体内原子或分子的排布更紧密，相互间的作用力也更强，不能像气体粒子或液体粒子那样自由流动。固体粒子的结构和之前描述的二维弹簧网格比较接近，粒子在某个方向上的振动不仅会通过压缩激发同一方向的波，也会通过牵连激发垂直方向的波。当声源的振动向四面八方传播时，相应的横波和纵波也向四面八方传播。声音在固体中的传播速度是：

$$c_p = \sqrt{\frac{K + \frac{4}{3}G}{\rho}}$$

$$c_s = \sqrt{\frac{G}{\rho}}$$

其中，p 代表纵波，s 代表横波。K 和 ρ 的含义与上面一样，G 是固体特有的量，称为"剪切模量"，代表粒子带动周边粒子牵连运动的能力。在空气中，粒子的绑定关系很弱，这个量等于零，此时 c_s 为零，c_p 和流体中的速度公式等同。注意，两个公式的分子中，第一个总是比第二个大，所以纵波总是先于横波抵达。正因为如此，纵波也被称为主波，横波也被称为次波。

你可能在学习地震理论时了解过纵波和横波的概念。地震波的传播过程同声波类似，它以波动的形式从地球内部向地表传播。然而，地震产生的并非我们能够听到的振动，而是肉眼可见、巨大的破坏和撕裂。地震波主要在固体的地幔和地壳中传播，因此会同时产生纵波和横波。纵波的传播速度较快，先于横波抵达地表。因为横波的振动方向和传播方向垂直，所以当横波传到地表时，其产生的效果是撕裂地面，产生的破坏力常常大于纵波。如果震源较深，那么横波和纵波的抵达间隔足够久，可以在监测到纵波后立刻触发应急方案，在横波抵达前疏散人群，减少伤亡。

讲了声源和传播媒介，再介绍最常见的接收器——人耳。人耳是非常精密的器官（见图 11−1），它能捕捉到空气中非常微弱的振动，并且可以敏感地分辨音调高低。声音在空气中以纵波的形式传递压缩 − 舒张，当这个过程通过耳道击打到耳膜时，耳膜会产生同样的振动。耳膜将这种振动通过一系列软骨传递给耳蜗，耳蜗上分布着许多细小的绒毛细胞，每一组绒毛细胞会以共振的形式（之后会解释共振的概念）放大某个频率段（也就是音高）的信号，通过神经传递给大脑。不同绒毛细胞接收的频率段不同。打个比方，有 7 组绒毛细胞在耳蜗上待命，分别负责 do−re−mi−fa−so−la−ti 这 7 个音调。当 do 传到耳朵里时，第一组绒毛细胞激发一个神经信号，传递给大脑，于是大脑就"听到"了 do。如果传达的是 mi，那么第 3 组绒毛细胞激发神经信号，其他绒毛细胞不工作。这样一来，大脑就知道，听到了 mi 这个音。如果同时有多个音调抵达耳朵，那么每一组绒毛细胞会提取各自负责的音调，激发神经信号。

　　声音包括很多元素：音调高低、音量大小、不同人声和乐器的音色。下面我们来看看这些元素都是由什么物理量决定的。

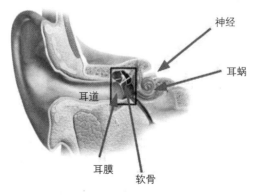

图 11−1　人耳构造（本图在 CC BY 3.0 许可证下使用）

　　首先是音调高低。回到最开始那个尺子的例子：尺子露出的长度越短，音调越高，振动也越快。我们可以使用物理量"频率"来描述振动快慢，定义为单位时间内的运动周期数。对于尺子来说，频率描述的就是单位时间内上下摆动多少次（一上一下是一个周期，算一次）。频率的单位是赫兹，符号是 Hz，1 赫兹表示一秒内振动一次。声音频率越高，音调越高，听起来越尖锐。

　　人耳能听到最低的音调频率是 20 赫兹，最高的音调频率是 20 000 赫兹，跨度非常广。此外，人耳能分辨的音调差距大约是 3.6 赫兹，这说明人类的听力非常敏锐。这是什么概念呢？中央 C 音，也就是 C 调的 do，频率是 261 赫兹，re 是 293 赫兹，间隔 32 赫兹。人耳能分辨 3.6 赫兹，也就是说将 do 和 re 之间均匀分割 8 份，人耳依然能辨别相邻两份的高低。这种宽广的音域和敏锐的分辨率是由耳蜗上的大量绒毛细胞来保障的。

　　振动频率决定音高，振动幅度决定音量。在尺子的例子中，轻轻拨一下和用力拨一下，两个音的音高是一样的，但后者的音量更大。振动幅度也称为"振幅"，它描述了物体振动峰值离平衡位置的距离。振幅决定了音量大小。

　　即使用不同的乐器以相同的音量演奏相同的音阶，我们仍能立刻分辨出它们的区别；对人声也是如此。声音的这种特色称为"音色"。音色是由哪些因素决定的呢？

　　如果你是训练有素的乐器演奏者，或者天生对音调敏感，那么你会发现，乐器演奏一个音时，比如 C4，它发出的声不仅仅是一个音，而是不同音的叠加，其中 C4 的音量最大，称为"基音"，除此之外还有少量的 C5（比 C4 高一个八度），和更少量的 C6（比 C5 高一个八度）等，这些音称为"泛音"。另一种乐器也是如此，只是它的泛音振幅比例不同。除此之外，这些基音与泛音在时间上的表现也不同。有的音很快就淡出了，有的音能持续较长的时间。这两个因素结合起来，就构成了一种乐器特有的音色。音色主要是由乐器的构造所决定的。

图 11-2 展示了大提琴、钢琴、小号三种乐器的频率谱系，横轴是频率，最左边那列小峰是基音，第二列是第一泛音，频率是基音的两倍，第三列是第二泛音，频率是基音的三倍，以此类推。每个小峰的高度代表了它的振幅，也就是音量。这张图没有展示不同泛音随着时间的淡出速度。

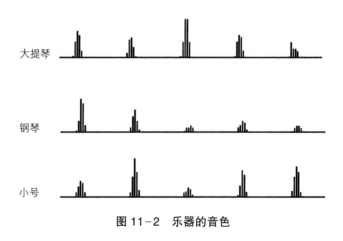

图 11-2　乐器的音色

为什么泛音的频率都是基音的整数倍？这是由乐器的构造决定的。以吉他为例，弦两端固定在琴身上，琴弦本身像甩动的绳子一样传递波；不同的是，这里弦以一个稳定的形状振动，而不是从一端传到另一端。图 11-3 中基音那条线，两端固定，中间上下摆动，就像跳长绳一样。这种波形不随时间发生改变、不向左右移动的波，称为"驻波"，仿佛波形驻留在原地（与之对应的是行走的波，称为"行波"）。无论是驻波还是行波，每一小段弦都符合同样的动力学方程，进而满足同样的波动方程。波动方程的解包含一个重要的等式：

$$\lambda v = \sqrt{\frac{T}{\eta}}$$

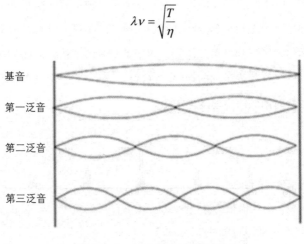

图 11-3　弦上驻波（见彩插）

其中，λ（希腊字母，读作 /ˈlæmdə/）是弦上驻波的波长 [①]，含义是一个完整波形的长度。一个完整波形包括一上一下的周期。在基音中，弦其实只有半个波，因为一条弦要么向上，要么向下，不会同时存在完整的振动。因此，基音的波长是两倍的弦长。v（希腊字母，读作 /ˈnjuː/）代表频率，就是我们最关心的量。等式右边的 T

[①]　它和声波在空气中的波长不是一个概念。但驻波的频率和声波在空气中的频率是一样的。

是弦的张力，η（希腊字母，读作 /ˈeɪtə/）是线密度，代表单位长度的弦的质量。

当弦的长度固定时，基音波长 λ 就固定。弦的张力 T 越大，基音频率越大，这就是吉他琴头拧弦调音的原理。线密度 η 越大，琴弦越粗，基音频率越低。

琴弦两端固定时，弦不止有基音这一种振动方式，还可以有上图展示的泛音，它们都是符合上述波动方程的解。比如第一泛音，它的波长等于弦长，是基音波长的一半。代入上述公式，可以得出第一泛音的频率是基频的两倍。以此类推，第二泛音的频率是基频的三倍，等等。注意，泛音不止三种，可以有更多，但通常泛音级别越高，振幅越小，效果越弱。

注意，如果将琴弦的运动录下来看慢放，那么你会发现弦的形状不是任何一个基音或泛音的波形，而是像图 11-4 中黄线那样的奇特波形。这恰恰是因为琴弦同时具有基音（蓝线）和第一泛音（红线）的运动（可能还有其他泛音），两者相叠加，形成我们观察到的波形（黄线）。这样的波形通过空气传递到人耳中，耳蜗上的绒毛细胞以共振的方式把每个频率的子波**分解**出来，传递给大脑，于是我们**同时**听到了基音与泛音。如果我们把波看作一个物体，它可以是多个波叠加在一起产生、传播、接收的；相比之下，实体粒子（比如电子），一次只能传播一个粒子，无法想象两个电子叠加在一起传出来。这个概念在近代物理学中有着非常深刻的含义。在近代物理学中，波确实被看作"真实"的粒子，其地位和实体粒子一样重要，区别在于波对应的粒子可以在同一时空中叠加。

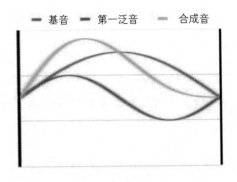

图 11-4　合成波形（见彩插）

对于笛子等管乐器来说，靠的不是琴弦的振动，而是管中空气的压缩和舒张。这与空气中传播的声波相似。虽然管中气体的振动同样符合驻波的数学表达式，但是因为管内的边界条件与弦上的振动不同，所以管乐器的泛音频率与基频的倍数关系也不同于弦乐器。

如果你学过一些乐理知识，应该知道"十二平均律"（见图 11-5）。钢琴上的黑白键组合起来以 12 个键为一个周期，每个音和它右边那个音（包括黑键）的相对音高是一样的。图 11-5 展示了从钢琴中央的 C4 开始往右两个周期每个音对应的频率。

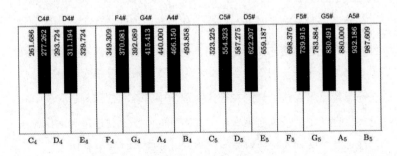

图 11-5　十二平均律

　　仔细观察这些频率，你会发现，每个音和它左邻的频率比值是一样的，举例如下。

$$\frac{C4\#}{C4} = \frac{D4}{C4\#} = \frac{D4\#}{D4} = \cdots \approx 1.059$$

　　注意，我们听到的相对音高，不是由两个音的频率之差决定的，而是由它们的比值决定的。为什么比值是这个数？两个八度之间的频率比值是：

$$\frac{C5}{C4} = \frac{C5\#}{C4\#} = \cdots \approx 2$$

也就是说，之所以相邻音频率比大约是 1.059，是因为 1.059 的 12 次方约等于 2。为什么十二平均律是等比频率而不是等差频率？为什么周期频率比大约是 2？

　　乐器的泛音频率是基频的整数倍，这个事实让人类长久以来习得一种审美上的认知，那就是符合整数倍频率的音程给人以**和谐**的感觉。因此，十二平均律里，完整周期音程（相差一个八度的音程，比如 C4 到 C5）频率相差两倍。与之相比，如果两个音的频率不是完美整数比，而是形式简单的分数，比如 3∶2，听上去就好像第一泛音与第二泛音的对比，也是比较和谐的。在十二平均律里，被称为纯五度的音程就满足这个频率关系。纯五度指两个音相差 7 个半音，举例如下。

$$\frac{G4}{C4} \approx \frac{392.1\text{Hz}}{261.7\text{Hz}} \approx 1.498 \approx \frac{3}{2}$$

再比如，纯四度间相差 5 个半音，它们的频率比接近于 4 : 3，听起来也比较和谐：

$$\frac{F4}{C4} \approx \frac{349.3\text{Hz}}{261.7\text{Hz}} \approx 1.335 \approx \frac{4}{3}$$

再次一些的，大三度约为 5 : 4，大六度约为 5 : 3，小三度约为 6 : 5，小六度约为 8 : 5，和谐程度逐渐降低。在和谐音程的基础之上，又可以构造三个音的和弦，比如大三和弦的频率比约为 4 : 5 : 6，小三和弦约为 10 : 12 : 15。不同和谐程度的音程与和弦带给人不同的感受，在此基础上发展出调式与调性，这就是音乐展现其魔法的基础。

我们为什么采用十二平均律而不是其他音律呢？原因在于，十二平均律能够创造出许多音程，这些音程的频率比接近简单的整数比。同时，12 个音阶数量适中，便于作曲。更重要的是，只有当频率满足等比数列时，才能让任意两个相隔纯五度的频率之比为 3 : 2，其他音程同理。人类在长期与音乐的交互历程中，逐渐摸索出了这套最佳的音调系统。

读完本章，你会发现，我们研究声音时几乎从来不直接分析粒子的运动本身，而始终在聊"波"。波既不是某种特定的粒子，也不是某个粒子的运动。它是一类普遍的、由大量粒子参与的运动模式。不论是哪种微观粒子或宏观物体，只要符合一些简单的相互作用规律，就会形成稳定的振动和波。对许多宏观现象而言，人们真正关心的是波的属性（例如频率、振幅、传播速度），而不是每个微观粒子的位置、速度、加速度——尽管从还原理论的角度来说，后者决定了前者。在空气中传播声音的气体分子，和在水中传播声音的水分子，是完全不同的粒子，它们的相互作用机制也大相径庭；但人们很自然地将两者视为同一类现象，因为它们的运动模式是高度相似的。这就是构建理论的思想。下面，我们通过另一大类现象（热）了解构建理论的逻辑。

第 12 章

热

冷与热是人类共同的直观体验，也是关乎存亡的自然力量。人类在漫长的历史中摸索出很多关于冷热的规律，比如四季冷热变化、摩擦生热、钻木取火、树荫蔽日、泼水纳凉等。这些规律逐渐演化为一套完整的物理学，称为"热学"。但是，"热"的本质究竟是什么？如何用粒子的运动去还原热现象？又如何构建宏观的热学理论？这些问题直到19世纪末才得到解答，热学才得以纳入牛顿经典力学的大厦。热学理论发展的历史非常精彩地演绎了还原理论的胜利和构建理论的桥梁作用。在本章中，我们会分别沿这两种思路，推演热学理论。

第一种思路是从有关热的经验中构建热学理论，我们称之为宏观视角。

冷与热，首先是人的主观感受。第5章解释过，主观感受无法直接用来定义概念。在将热作为物理学对象讨论之前，我们必须首先为"冷热程度"构造一个基于时空概念、可以达成共识的操作定义，一个可以测量的数。

于是，我们的第一个任务是设计一个物理量，数越大代表越热，数越小代表越冷。我们今天都知道，这个量其实就是"温度"。假如你不知道温度，你会如何从时空出发，定义这个量？

我们试图从自然界中寻找一种现象，作为冷热体验的"代理"。也就是说，当发生某种现象时，大家都会觉得热；当发生另一种现象时，大家都会觉得冷。于是，我们通过这些现象来定义冷热程度，并且相信，这种定义能非常准确地代表我们的主观体验。

热胀冷缩现象就符合这个要求。比如，铁条加热后会变长，放进冰水里则会缩短。于是我们可以测量铁条的长度，用它来定义温度。这样做有个问题，那就是这个温度定义只适用于这根铁条。如果我有一根木条，虽然它也会热胀冷缩，但它的胀缩程度和铁条不同。如果我们用木条来定义温度，那么它和之前的定义是无法互通的，我们无法得到一个普适的温度定义。

因此，仅仅通过观察热胀冷缩现象来定义温度，在逻辑上是不充分的，我们需要一些额外的设定。假设有两块铁，冷热程度不同，互相接触贴在一起。日常经验告诉我们，经过一段时间，热的铁会变冷，冷的铁会变热，两者会达到一个相同的冷热程度。这个过程可能很快，也可能很慢。无论如何，通过日常经验，我们相信，这个状态**终究**会达到。

可见，两个冷热程度不同的物体发生着某种**交互作用**，达到最终冷热程度相同的状态。为了区别于其他的交互作用，我们假设两个互相接触的物体没有互相做功，也没有交换物质。我们定义这种最终状态为"热平衡态"。

热平衡的含义就是两个互相接触的物体达到相同的冷热程度。如果有三块铁 A、B、C 并排放置，A 与 B 接触，B 与 C 接触，但 A 与 C 不接触。经过足够长的时间，A 和 B 达到热平衡态，B 和 C 也达到热平衡态。日常经验告诉我们，如果我们此时把 A 和 C 拿出来，互相接触，那么它们的冷热程度不会发生变化。换言之，我们可以认为 A 和 C 以 B 为媒介，间接达到了热平衡态。热平衡态是**可传递**的。这种可传递性，在历史上称为"热力学第零定律"。这条定律看上去没有什么意义，但它是温度定义得以存在的逻辑基础。正是因为可传递性，我们才可以定义一个数（也就是"温度"），它满足：两个物体达到热平衡态时，温度相同；反过来，如果两个物体的温度相同，那么它们就达到了热平衡态。于是，我们摆脱了之前用铁条定义温度的局限性。想知道一个未知物体的温度，只要拿铁条去和它接触，等它们达到热平衡态，此时去观察铁条的长度，就可以知道未知物体的温度。铁条在这里起到了"温度计"的作用。

不仅是铁条，任何物体都可以作为温度计，包括液体和气体。但是，并不是所有材料都适合作为温度计。比如，水在大部分温度范围内是热胀冷缩的，但在0摄氏度至4摄氏度这个范围内，它是热缩冷胀的。这是因为水在0摄氏度开始结晶，水分子由杂乱无章的自由运动变成整齐的晶体结构，平均间距变大，密度变小。这个过程从4摄氏度以下开始在小范围内逐渐形成（但仍然是液态）。如果我们在4摄氏度时观察水的体积，过一会儿发现水位上升了，那么我们无法判断它是升高到5摄氏度还是降低到3摄氏度。因此，我们希望温度计的体积总是随温度升高而变大，用数学的语言来说就是**单调**的。

再比如，在数字温度计普及之前，水银是最常用的温度计材料，无论是体温表还是环境温度计。但是，水银只能在一定范围内标定温度，那就是熔点和沸点之间。当水银降温低至熔点时，它凝结成固态；反之升至沸点，变成气态。尽管固态和气态水银也都热胀冷缩，但固态、液态、气态的体积随温度的膨胀程度是不同的，无法结合起来作为一套统一的标度。好在常压（也就是标准大气压）下，水银的熔点约为 −38.8 摄氏度，沸点约为 356.6 摄氏度，作为温度计可以覆盖日常生活的大部分情形。

因此，我们希望找到这样一种材料：它的热胀冷缩性质是单调的，并且能在很广的温度范围内保持某种物态。除此之外，我们还希望它的热胀冷缩是均匀的。也就是说，在不同温度下，体积每增大 1%，其温度的增幅是相同的。注意，这里有个逻辑上的同义反复——既然不能用主观感受作为温度依据，而必须用膨胀程度来标定温度，那么我们完全可以如此定义温度增量：物体体积每增大 1%，温度增加一个单位。换言之，对这种材料来说，"均匀"是定义的结果而不是被观察到的性质。但是，"热平衡态"的概念允许我们在不同物体之间比较温度。于是，在物体 A 上标度的温度，用来观测物体 B 的热胀冷缩，可能是不均匀的。反之，用基于 B 标定的温度去观测 A 的热胀冷缩，也可能是不均匀的。由于温度是标定的结果，不存在一个绝对标准，因此我们无法说这两个温度哪个更好，只能说 A 和 B 两者**相对**来说，热胀冷缩不均匀。A 上定义的温度和 B 上定义的温度的地位是相同的，或用数学语言来说，是"等价"的。尽管如此，我们还是可以选择一套更"方便"的温度标定。比如，有 1000 种材料，其中 999 种材料的热胀冷缩互相对比很均匀，剩下一种与其他 999 种都不同。那么，出于方便的考虑，我们不会选择那一种材料来标定温度，从而让剩余 999 种材料显得不均匀。我们会选择 999 种材料中的任意一种来标定温度，那样只需要处理一个特例就行了。

人们发现，气体本身就符合上述要求。首先，它是单调的，总是热胀冷缩。其次，不同气体的热胀冷缩均匀程度高度一致。不同气体的沸点不同。为了达到最广的温度标定范围，我们需要找一种沸点非常低的气体。最常用的是氦气，它在常压下的沸点约为 −270 摄氏度，非常接近之后会讲的理论最低温度（约

为 −273.15 摄氏度）。此外，氦气是惰性气体，不容易发生化学反应，非常稳定。

我们根据日常经验知道，仅凭体积是无法决定温度的。对一团气体，在同样的温度下，我们可以通过压缩的方式让体积变小。因此，当温度不变时，气体的体积和压强有关①。通过实验，人们发现，在温度不变的情况下（比如，始终与一个恒温物体保持热平衡态），气体的体积与压强满足简单的反比关系：

$$PV = c$$

其中，P 是压强，V 是体积。等号右边的常数 c，是指温度不变时的常数。既然用气体的热胀冷缩来标度温度，那么我们就用最简单的标度方式：在压强不变时，让温度与体积成正比。于是，上述公式改写为：

$$PV = Tc$$

其中，T 是被这个公式定义的温度，c 是某个比例系数，也是与温度、压强、体积无关的常数。

这个公式是针对一份气体来说的。如果我们把两份这样的气体融合在一起，那么相当于两份气体并排放在一起。逻辑（注意，不仅是经验）告诉我们，它应该满足：

————————

① 由于重力影响，流体压强并不是处处相同的，而与高度相关。但这里我们考虑一个很小的尺度，高度产生的差别可以忽略不计。关于流体压强的相关知识，请参考第 18 章。

$$PV = 2Tc$$

如果用质量来描述气体的量，那么 c 应当与气体的质量成正比。上述公式继续改写为：

$$PV = Tmc$$

其中，m 是气体质量。常数 c 只和气体的种类有关。

仔细观察这个公式，你会发现，温度是有最小值的，那就是零，对应的是体积为零，或者压强为零的情况。我们称这个最小值为"绝对零度"，相应地，T 被称为"绝对温度"。我们在日常生活中使用的标度（摄氏度）是绝对温度减去一个常数。摄氏度的标度是以常压下水的熔点为零度、沸点为 100 度为标准的。在摄氏度下，绝对零度约为 −273.15 度。

至此，我们通过探讨氦气的热胀冷缩现象，从宏观视角定义了温度。

第 7 章讲过，热是一种能量。摩擦生热，就是机械做功转换为热能。反过来，蒸汽机车燃烧燃料后产生蒸汽，推动活塞运动，是热能转换为机械能的应用。除了与机械能的相互转换，热能还可以从热的物体流向冷的物体，最终达到热平衡态（比如冷热铁块接触的例子）。可见，热其实是能量的一种存储形式。

直观经验告诉我们，物体存储的热能与温度相关。根据能量守恒定律，我们可以精确地计算物体吸收或释放了多少热能。如果我们记下这些过程的温度变化，就会发现，在一定温度范围内，它们满足一个简单的正比关系：

$$Q = C\Delta T$$

其中，Q 表示吸收或释放的热能，C 代表某个比例常数（和刚才气体方程中的 c 无关）。如果将两个相同的物体放在一起，那么升高相同的温度，吸收的热量就应该是两倍。如果用质量代表物体的量，那么上述公式可以改写为：

$$Q = Cm\Delta T$$

其中，C 是该材料在某个温度范围内的常数，被定义为"比热容"，简称"比热"。如果我们把物体看作存储热能的介质，那么比热就描述了它存储热能的能力。相同质量的物体，同样升高一摄氏度，比热大的物体吸收的热量更多。

在自然界的各种材料中，水的比热非常大。潮湿地区比干旱地区的昼夜温差小，这是因为太阳白天照射地面提供热能，吸收同样的热能，潮湿地区含水量多，比热大，只要小幅升温就足以存储这些热能；然后晚上再通过降温把热能释放出去。相比之下，干旱地区就需要更大的温度变化来吸收和释放同样的热量，昼夜温差更大。

此外，在物态变化过程中，许多物质会在吸收或释放热量时保持温度不变（比如水－水蒸气或冰－水之间的变化），直至物态变化完成。这些热量的作用是改变物质的微观结构。既然温度不变，那么比热的概念就不适用了，需要用新的物理量来描述单位质量的物体完成物态变化所需要吸收或释放的热量。这个物理量称为"潜热"（latent heat），记作 L。

$$Q = Lm$$

"潜热"这个词隐含了一段热学的早期历史。从 16 世纪至 18 世纪，人们在研究燃烧现象的过程中逐渐形成了"燃素说"，即有些物体之所以可以燃烧，是因为它拥有某种可以燃烧的元素，即"燃素"。当燃素耗尽时，物体变轻，燃烧停止。这个理论与牛顿的机械宇宙观相差甚远，非常接近于亚里士多德的四元素说。直到 18 世纪，随着人们对燃烧现象观测的深入，朴素的燃素理论开始显得捉襟见肘。18 世纪的法国化学家安托万·拉瓦锡（Antoine Lavoisier）发现一些燃烧后变重的金属，并通过大量实验确定了燃烧物质与空气中的助燃部分（氧气）的量化关系。在他的划时代巨著《化学纲要》中，拉瓦锡用氧化理论挑战燃素说，宣告了当代化学的开端。

拉瓦锡用新的化学元素概念取代了抽象、模糊的燃素，同时引入了一种新的元素（热质）来解释燃烧伴随的热现象。其实，将热视为一种物质的思想早在燃素说时代就已存在。由于燃烧总是伴随着放热，因此当时的化学家笼统地将燃素等同于热物质。17 世纪，在粒子宇宙图景的大背景下，以牛顿为代表的物理学家认为热本质上是微粒的机械运动，运动越激烈，温度越高。到了 18 世纪，随着更精确的氧化理论取代燃素说，热质说占了上风，并改头换面，以新的形式保留了下来。正如化学反应本质上是不同元素间的重组，热现象可以被归因为热质在物体之间的流动。燃烧伴随的热现象，可以解释为热质随着化学反应释放出来。当两个冷热不同的物体接触时，热质从热物体流向冷物体，直至冷热均衡。当时人们已经认识到"温度"和"热"是不同的概念：温度决定了热质的流动方向，以及物体储藏热质的能力。除了温度，不同材料的物体存储热质的能力是不同的：一千克的水，温度升高一度所需要吸收的热质比一千克的铁更多——这种材料的固有属性定义为"比热"。此外，人们发现在物态变化过程中，热质流动而温度不变，这种属性就定义为"潜热"，即不伴随温度变化的"潜在"热质。

物体的重量与其冷热程度无关，说明热质没有重量——这是它区别于其他元素的重要特征。但是，作为一种元素，全宇宙的热质总量是守恒的。它只会在不同物体之间流动，不会凭空产生或消失。如果将热现象局限于热传导、热辐射以及化学反应，那么热质说似乎没有问题。但是，热质说面对一类现象显得底气不足：摩擦生热。对此，热质说有两种解释：一、摩擦行为触发了一种化学反应，让物体中的热质释放出来；二、摩擦行为并没有产生新的热质，而是改变了物体的属性，让它的比热减小，导致它在热质不变的情况下温度升高，而物体原本包含的热质因为温差而释放出来。这两种解释都意味着物体发生着不可逆的变化，然而事实上摩擦可以源源不断地产生热，似乎热直接来自摩擦行为本身。针对第一种解释，人们发现摩擦生成的热与具体材料种类关系不大，那么化学反应的说法就相当牵强；针对第二种解释，实验证明物体通过摩擦升温后，其比热等同于吸热升温后的比热，也就是说摩擦行为不会改变物体的比热。

科学革命常常不是单一反例推动的，而往往是诸多因素聚沙成塔，逐渐瓦解人们对旧理论的信心。在整个 19 世纪，物理学家、工程师、医生从电流热效应、蒸汽机、动物解剖等不同角度逐渐完善了一幅完整的能量图景，即机械能、化学能、热能、生物能、电能等都是能量的不同形式，它们之间可以互相转换，所有能量之和是守恒的。热能是整个能量常量的一部分，它自己未必守恒，可以通过蒸汽机、摩擦生热等形式与机械能互相转换；也可以通过燃烧、爆炸等化学反应与化学能互相转换。这也解释了为什么在没有机械功参与的情境下，热质说非常成功。能量图景事实上**拓展**了热质的含义。英国物理学家詹姆斯·普雷斯科特·焦耳（James Prescott Joule）测量出机械功和热能之间的比例常数（称为"热功当量"），宣告两者的等价性，于是热质说正式退出历史舞台。

讲到此处，不妨暂停思考一下：热质说错了吗？以今天的视角来看，它的"力量"（能够解释现象的范围和精确程度）当然不如能量理论强大。但是，在拉瓦锡时代，它是相当合理和有效的理论。即使在能量图景下，如果仅仅考虑热能在物体之间的交换，热质与热能在数学上也是等价的。你或许会质疑："热质"是一种虚无缥缈、无法观测到的概念。它没有质量，不受重力，看不见摸不着，不应当作为一个物理概念。在这个意义上，它的确不是一个非常完善的物理概念，但并不妨碍它成为一个积极的探索方向。很多物理概念（例如分子、原子、电子）在提出之初，人们只有非常笼统的概念，只能通过间接的实验结果推测它们的某些性质，进而判断这些概念是否合理。随着理论的发展和实验数据的积累，这些概念的形象逐渐丰满，整个理论系统逐渐完善。即使通过当时的观测手段，人们尚无法直接"看到"这些粒子，但对物理学家来说，它们已经**真实存在**了。这是因为，如果没有它们，整座理论大厦将土崩瓦解。只是，热质说没有走到这一步，就被更合理的概念取代了。

　　至此，机械功和热能之间的转换过程依然相当抽象，人们尚不清楚其微观机制，尤其是那个神秘的热功当量。好在，当时已经有了气体分子运动理论，人们意识到气体的宏观力学量本质上是分子运动的平均效果。沿着这个思路，人们顺理成章地找到了气体温度和热能的微观解释——热能本质上是机械能。于是热学被正式纳入粒子宇宙图景之中，能量图景终于成为一个自洽、有机的整体。

　　在进入微观视角之前，再强调一下"热平衡态"的含义。热力学第零定律告诉我们，经过足够长的时间，两个接触的物体终究会达到热平衡态。只有在热平衡态下，我们所定义的温度才有意义。但是，达到热平衡态究竟需要多长时间？是否存在这种可能：理论上永远无法达到完美的热平衡态，只能不断逼近？对于这些问题，热力学第零定律都没有回答，这是宏观视角不那么严谨的地方。我们提出的所有热学量的变化，包括压强、体积、温度、热能的变化，都必须在一个**足够**缓慢的节奏下进行，确保体系**几乎**在每时每刻都处于热平衡态，不然就没有办法探讨温度。然而，我们无法避免剧烈的热学过程，比如迅速压缩气体，又比如爆炸。对于这些问题，我们需要借助微观视角了解热现象的本质。

　　所谓微观视角，就是指用粒子的运动来解释热现象。以气体为例，大量粒子在空旷的空间里自由运动，除了受到重力，还与其他粒子及容器壁发生碰撞。尽管对每一个粒子来说，它的运动轨迹和碰撞行为是非常随机的，但如果放眼所有粒子构成的整体，我们会发现其运动行为是非常均匀的。气体的体积是粒子的**平均**运动范围，压强是单位面积容器壁上受到的粒子的持续冲击带来的**平均**压力。可见，体积、压强这样的宏观物理量都可以用大量粒子在运动中的力学**统计值**来表述。

为了简化模型，我们暂时不考虑以下两个因素：一、粒子之间在不接触时的相互作用（假设它们只在碰撞的一瞬间相互作用，交换速度，就像桌球一样）；二、粒子自身的体积。这两点都可以在容器体积很大时（也就是压强较小、温度较高时）较好地满足。这个模型称为**理想气体模型**。

宏观视角下，温度被定义为：

$$PV = Tmc$$

这个温度定义描述了粒子的什么状态？这是一个数学问题，确切地说是统计学问题。一个表达平均压力的统计值（压强），乘以一个表达平均运动范围的统计值（体积），其结果表达了什么量的统计值？统计学的推导告诉我们一个非常简单且富有深意的结论：

$$PV = \frac{2}{3}NE_{TK}$$

其中，N 是粒子数，E_{TK} 表示平均每个粒子的平动动能。平动动能指粒子作为整体移动的动能，不包括粒子本身转动的动能，毕竟粒子的转动行为不会对碰撞容器壁有贡献，因此也不会改变压强。如果我们选择开尔文作为温度单位，即常压下水的熔点是 273.15 开尔文（相当于 0 摄氏度），沸点是 373.15 开尔文（相当于 100 摄氏度），那么理想气体满足一个非常简单的关系：

$$PV = TNk$$

其中，k 称为"玻尔兹曼常数"。这个公式称为理想气体方程，适用于所有种类的理想气体。结合以上两个公式，我们发现：

$$E_{TK} = \frac{3}{2} kT$$

也就是说，气体粒子的平均平动动能和温度相差一个常数系数。考虑到粒子在三维空间中移动，有三个自由度，我们可以进一步写为：

$$E_{TK} = 3E_0$$
$$E_0 = \frac{1}{2} kT$$

其中，E_0 代表每一个自由度的平均动能，这就是温度的统计含义。温度的这个含义不仅适用于气体，也适用于液体和固体。区别在于，液体粒子尽管也能自由流动，但相比于气体粒子更紧凑，距离更近。固体粒子不能自由流动，它们只能在自己特定的位置附近振动。温度越高，振动越剧烈。这里预告一下：平均动能只是温度的统计含义之一。更普适的含义要在第 13 章中介绍。

如果不考虑物态变化，热能本质上就是微观粒子的动能。摩擦生热，就是通过外部摩擦，加速粒子的运动，升高温度。热铁块与冷铁块接触，接触面一边热铁块分子的振动带动了另一边冷铁块分子的振动，让它们"变热"。只要粒子的振动程度不均匀，运动剧烈的粒子就总是会把动能分给动能较小的粒子。经过足够长的时间，所有粒子动能均匀，温度均匀，也就达到了热平衡态。

在第 11 章中，我们强调，找到宏观现象的微观解释并不意味着万事大吉。系统层次不同，需要构建不同的物理概念，使用不同的工具。构建理论与还原理论同样重要。在热学中，一切热现象都可以归结为粒子的运动和相互作用。理论上，如果能够追踪所有粒子的运动状态，我们就拥有了热学系统的所有知识。但实际上，这个看似完备的知识没有任何实际用途。粒子太多，根本做不到追踪每一个粒子。一个 500 毫升的空矿泉水瓶，含有约 0.5 克空气，约为 10^{22} 个气体分子。当今世界上所有计算设备开足马力同时工作，也达不到追踪这么多粒子所需的计算量。

更重要的是，我们真正关心的仅仅是压强、体积、温度、粒子数这几个宏观状态——它们是所有粒子信息的统计结果，是将绝大部分信息抛掉后的高度提炼结果。构建理论的任务在于，如何从大量的微观粒子信息中，提炼出最适合某一特定层次的物理概念，以及它们之间的关联，避免淹没在信息海洋中。对于热学来说，我们通过统计的方法找到了这些量和它们的关联，所以，热学又称为"统计力学"。

最后再聊聊物态变化。大部分物质有三种常见的形态：固态、液态、气态，固体又可分为晶体和非晶体（也称为不定形体）。晶体拥有像冰这样分子整齐排列的结构，非晶体缺少这种结构，尽管小范围看来可能呈现出某种秩序，但在较大的尺度上是杂乱无章的。玻璃是典型的非晶体。晶体，比如冰，在零摄氏度开始液化，当所有冰都液化成水后，温度才会继续升高。非晶体没有固定的熔点，会随着融化过程，逐渐升温。

除了这些常见的物态，有些材料还会呈现液晶态、磁序态、低温超导态、低温超流体、玻色－爱因斯坦凝聚态、量子霍尔态、高温等离子态、高温简并态、夸克－胶子浆、超固体态、超玻璃态，等等。"态"是一个很抽象的概念，物质在某种环境下呈现出特定的结构和性质，就是物理学家关注的态；这些性质不仅限于热学性质，还包括电磁性质、统计性质等。这里，我们站在热学角度，讨论最常见的晶体固态、液态和气态。

固态晶体的分子以某种结构整齐地排列。决定结构的因素有很多，其中主要是分子本身的形态和分子之间的相互作用力，也和外部环境（比如压强、温度）有关。同一种物质可能呈现出不同的晶体结构，比如冰就有多达 18 种晶体结构。

固态晶体在加热过程中，分子加剧振动，物体升温。当温度达到熔点时，分子的运动摆脱了晶体结构的束缚，开始自由流动，但此时自由的分子之间仍然有作用力，这就是液态。固态晶体的温度会停留在熔点，直到所有部分都液化完成（所有晶体结构都瓦解），才会继续升温。

液态继续受热，分子流动加剧，继续升温。当温度到达沸点时，分子的运动剧烈到足以摆脱相互作用力，成为自由粒子横冲直撞，只有在与其他粒子或容器壁碰撞时才会产生短暂的相互作用。在这个过程中，物质的温度会停留在沸点，直到所有部分都气化完成，才会继续升温。

以上就是从固态到液态再到气态的转化过程。这个过程是可逆的：对气体不断降温，物质就会经历上述过程的逆过程。固、液、气三态的转化中，最常见的是固态和液态互相转化，比如冰融化为水，水凝结成冰；以及液态和气态的互相转化，比如水沸腾或蒸发为水蒸气，水蒸气液化为水。但在某些情形下，固态和气态是可以直接互相转化的，比如水可以直接凝华为霜，干冰（固态二氧化碳）会直接升华为气态二氧化碳。舞台上的云雾效果，一般都是干冰升华产生的。

在什么情况下会发生这些转化？物质的熔点和沸点是常数吗？如果不是，它们与什么因素有关？这些问题的答案都因物质的分子结构而异。人们通过实验，将这些信息整合起来，放在一张图中以供查看。这张图称为该物质的"三相图"（见图 12-1）。

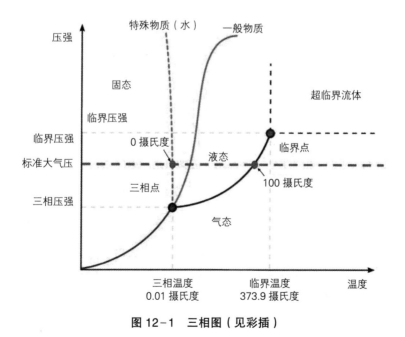

图 12-1　三相图（见彩插）

这张三相图展示的是物质在不同环境下的物态。横轴表示温度，越往右数越大，温度越高；纵轴表示压强，越向上压强越大。图中的每一个点都表示某个温度与压强构成的环境。这张图大体上被彩色实线分割为三个区域，分别标注为固态、液态与气态。我们暂时忽略绿色虚线。绿色实线分隔了固态与液态，表达了凝结与融化的过程；相应地，蓝线表达气化与液化，红线表达凝华与升华。

仔细看蓝线。它向着右上方向延伸，其含义是，纵坐标（压强）越大，横坐标，即气液转化的温度（也就是沸点）也越大。对水来说，常压下的沸点是 100 摄氏度，但是压强增大，水的沸点会超过 100 摄氏度，这就是高压锅的原理。高压锅把气体锁在锅里，随着温度升高，气体压强增大，水的沸点也升高，可以在超过 100 摄氏度时仍然保持液态，从而使水里的食物熟得更快。相反，气压降低，沸点也会降低。在高原地带，气压较低，水没到 100 摄氏度就烧开了，水里的食物不容易熟。

再看绿线。绿线上的点的纵坐标是环境压强，横坐标表示固液转化的温度，也就是熔点。对大部分物质来说，压强越大，熔点就越高，和沸点的曲线类似。但水很特殊，它的熔点随压强变化非常小，而且随着压强变大会轻微地变小。绿色实线代表大部分物质，绿色虚线代表水：可见它几乎竖直，压强很高时，熔点也在 0 摄氏度附近。

水的这个性质被利用在滑冰运动中。滑冰鞋的冰刀非常锋利，压在冰面上产生的压强非常大，导致冰与冰刀接触面的熔点低于 0 摄氏度。在常压下，冰面的温度是 0 摄氏度，也就是说，在冰刀接触的地方，冰的温度是高于熔点的，更容易融化为水。于是，冰刀和冰面之间形成薄薄的水膜，减小冰刀和冰面的摩擦力，让滑冰更顺畅。

　　水平的红色虚线标注的是我们日常生活所处的环境气压，确切地说是标准大气压。沿着红色虚线从左往右，温度升高，固态变为液态，再变为气态。它和绿线与蓝线的交点，分别代表水在常压下的熔点和沸点，分别是 0 摄氏度和 100 摄氏度。如果你想知道不同压强下的熔点和沸点，只要找到压强在纵轴上的位置，画一条横线，它和绿线、蓝线交点的横坐标值，对应的就分别是熔点与沸点。

　　蓝线与绿线相交之处，意味着固态不再需要先变为液态再变为气态，可以直接转化为气态。再往下，就是红线，代表了固气直接转化的过程。绿线、蓝线与红线的交点，称为"三相点"。水在三相点的温度是 0.01 摄氏度。

　　蓝线向右延伸有个尽头，这个点称为"临界点"。在临界点右上方的区域，也就是高压高温环境，液态与气态的区别变得模糊，性质变得非常接近，物质在这个区域呈现出超临界流体。

第13章

熵

熵是物理学中的一个非常抽象的概念，它提供了人们认识宇宙的全新视角。熵的概念也超越了物理学的范畴，在统计学、信息科学中的应用非常广泛。在本章中，熵为我们提供一条定义温度的新路径。

在引入熵之前，我们需要了解热学中的一条非常重要的定律：热力学第二定律。这条定律有许多互相等价的表述方式。我们从最接近日常经验的表述开始，展开一系列思想实验，推导出熵的概念，以及基于熵的温度定义。

第 12 章说过，热平衡概念是定义温度概念的前提条件。互相接触的物体经过足够长的时间后会达到冷热均匀的热平衡态。所有互相接触达到热平衡态的物体都可以用同一个数来标定这个状态，这个数就是温度。然后，通过观察和归纳大量现象，我们发现理想气体是最适合用来标定温度的媒介——尽管这样做仍然会受到物态变化的限制。在本章中，我们抛弃理想气体作为温度的标准，在热力学第二定律的推导过程中定义一个更普适、不依赖于任何具体物质热学性质的温度标定方式。

热力学第二定律究竟说了什么？我们先聊聊历史上红极一时的"永动机"。顾名思义，永动机就是不靠外界能量和物质输入（也就是封闭系统），仅凭自身机械构造就能永恒运动下去的机器。人们一度认为永动机是一个机械设计问题，只要找到一个足够巧妙的方法，就可以让机器周而复始地运动。历史上出现过很多永动机的设计模型，大部分失败了，其中有一些看似成功的，其实隐性地吸收了外界能量，比如太阳能。

乍一听，永动机的想法与能量守恒并不矛盾。封闭系统能量守恒，那么能量理应可以在动能和势能之间循环转换。但在实际情形中，摩擦力是不可避免的。动能会通过摩擦转换为热能，耗散在空气中。你或许会问：如果系统的封闭性做得足够好，这部分热能还保留在系统内，有没有可能通过某种机制让它再转换成动能呢？这个想法没有违背能量守恒定律，在历史上称为"第二类永动机"。

但是，第二类永动机也是不可能实现的。日常经验告诉我们，并不是所有符合能量守恒的行为都会发生，有一些行为只会朝着一个特定的方向进行，反过来不会成立。比如，将冰块放进一杯热水中，很快冰块会融化，热水会变凉；但是反过来，一杯常温水，不论放置多久，它都不会*自发*地变成一部分冰、一部分热水的混合物——尽管这个过程也是符合能量守恒的。再举一个例子，我们知道机械做功可以将机械能转换为热能。但是反过来，假如一台机器被包裹在一个温度恒定、可以源源不断输出热能的环境中，它能否从这个热源吸收热量，不产生其他影响，完全将热能转换为对外做的功？这就是第二类永动机，它也是不可能实现的。这些不可逆性暗示着某种规律，规定着热学过程的方向。这就是热力学第二定律。

从以上两个例子出发，可以得出热力学第二定律的两条表述，它们在历史上分别称为克劳修斯表述和开尔文表述。

克劳修斯表述：不可能把热量从低温物体传递到高温物体而不产生其他影响。

开尔文表述：不可能从单一热源吸收能量，使之完全变为做功而不产生其他影响。

　　法国工程师和物理学家尼古拉·莱昂纳尔·萨迪·卡诺
（Nicolas Léonard Sadi Carnot）在 19 世纪初开始思考热学的这种性
质。但是，热学过程种类繁多，利用热能的机械也千奇百怪。为了
探讨普适的热学规律，他提出一种不依赖于具体机械过程的抽象热
机模型。这种热机由三部分构成（见图 13-1）：两个温度恒定的
热源，一个高温，一个低温，它们都可以源源不断地提供热能，也
可以无限制地吸收热能；第三部分是一个抽象的机械，它可以针对
两个热源吸热和放热，可以对外做功，也可以接受外界对它做的
功。这个机械可以以任何方式与两个热源交换热能、做功，但是我
们要求这个机械必须经过一系列过程后回到最初的状态，即整个系
统除了产生热能和机械功，没有其他变化。只有这样，热机才能循
环往复地无限工作下去。卡诺热机不是第二类永动机，它是符合热
力学第二定律的理想机械。

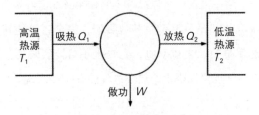

图 13-1　卡诺的热机模型

　　我们再区分两个概念：一个热学过程是可逆过程，还是不可逆
过程？当控制环境状态并促成某个热学过程时，如果我们可以朝反
方向控制环境状态并让热学过程逆转，那么这个热学过程就是可逆
过程，反之就是不可逆过程。举个例子，在常温下压缩气体，体积
变小，压强变大；如果我们释放压力，体积和压强都可以恢复到原

先大小——这是可逆过程。再比如，把一杯热水倒进冷水中，会得到一杯温水；但是，我们没有办法把两杯温水变回一杯热水和一杯冷水——这是不可逆过程。

延续第 12 章的假设，对于可逆过程，我们还有一个额外的要求：这个过程非常缓慢，慢到在任意时刻，系统都几乎处于热平衡态。也就是说，我们讨论的可逆过程，其变化速度比物体达到热平衡态的速度慢得多。

我们现在考虑全部由可逆过程构成的卡诺热机。假设有如下循环：机械从高温热源 T_1 吸收热能 Q_1，向外做功 W，剩余的热能 Q_2 传输给低温热源 T_2，并且机械恢复原状。根据能量守恒定律：

$$W = Q_1 - Q_2$$

既然这个过程完全由可逆过程构成，那么我们可以通过逆转这个循环，产生如下效果：机械从低温热源 T_2 吸收热能 Q_2，接受外界做功 W，产生热能 Q_1 并传输给 T_1。

我们现在考虑另一个可逆过程：机械从 T_1 吸收热能 Q_1'，它向外做功 W'，剩余 Q_2' 传输给 T_2。为了让这个过程和第一个过程在规模上相当，我们可以等比例放大或缩小这个过程，使得 $Q_1'=Q_1$。

根据能量守恒定律：

$$W' = Q_1 - Q_2'$$

现在，把第一个过程的逆过程，和第二个过程整合在一起，完成一个循环（见图 13-2）。

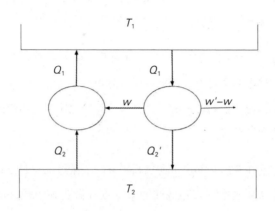

图 13-2　组合循环

这套组合机械一边向外做功 W'，一边吸收外界做功 W。如果 $W' > W$，那么两者产生的综合效果是向外做功 $W' - W$。对高温热源 T_1 来说，它吸热和放热平衡（都是 Q_1）；对低温热源 T_2 来说，它向机械输送的热能是：

$$Q_2 - Q_2' = W' - W > 0$$

也就是说，组合机械产生的效果是从单一热源 T_2 吸收热能，转换为功 $W' - W$。根据热力学第二定律的开尔文表述，这种情形是不可能的。因此，$W' > W$ 的假设是错误的，即 $W' \leqslant W$。

注意，既然两个机械都经历了可逆过程，那么我们完全可以将两个过程都换作其逆过程，然后重复上述推导，可以得到对称的结论：$W' \geqslant W$。于是，就有：

$$W' = W$$

也就是说，所有可逆的卡诺热机，无论具体循环过程是怎样的，它们的能量转换效率 [1] 都是相同的：

$$\eta = \frac{W}{Q_1} = \frac{Q_1 - Q_2}{Q_1} = 1 - \frac{Q_2}{Q_1}$$

注意，循环过程必须满足 $Q_2 > 0$，不然热机就可以从单一热源 T_1 吸收热能并转换为功，这和热力学第二定律的开尔文表述矛盾。也就是说，卡诺热机的效率不可能是 100%。

　　如果卡诺循环是不可逆的，会如何呢？重复上述推导过程（其中第二个过程不可逆），我们知道不可逆机械做的功满足 $W' \leqslant W$。也就是说，不可逆循环的效率不会高于可逆循环。可逆循环的能量利用效率是最高的。

　　通过卡诺热机，我们还可以证明热力学第二定律的两条表述是等价的。也就是说，如果克劳修斯表述是真的，那么开尔文表述也是真的，反之亦然。证明过程请参考附录。

　　现在，我们得到这样一个重要的性质：对卡诺热机来说，所有可逆循环的能量效率是一样的。注意，能量效率 η 和 Q_1、Q_2、W 的绝对大小没有关系。如果 Q_1 的值翻倍，那么 Q_2、W 的值也随之翻倍——这就相当于两个相同的机械同时运转。于是，决定能量效率的只可能有两个因素，那就是两个热源的温度 T_1 和 T_2。到目前

---

① 能量转换效率的定义，请参考第 8 章。

为止，我们对温度的标定方式没有提出任何要求。反过来思考，我们可以利用热机效率来**定义温度**。从现在开始，请忘掉第 12 章通过理想气体的热胀冷缩定义的温度。

我们先任意选择一个恒温物体，它和所有与它达到热平衡态的物体的温度都标记为一个已知的数 T_0（比如 1 度）。然后，对某个未知的温度 T_x，我们拿它和 T_0 构成卡诺热机，观察可逆循环的效率（见图 13-3）。假设机械从 T_x 吸收热量 Q_x，向 T_0 释放热量 Q_0。如果观察到机械对外做功，那么我们就知道 $T_x > T_0$。我们观测到的机械效率是：

$$\eta = 1 - \frac{Q_0}{Q_x}$$

改写成：

$$\frac{Q_x}{Q_0} = \frac{1}{1-\eta}$$

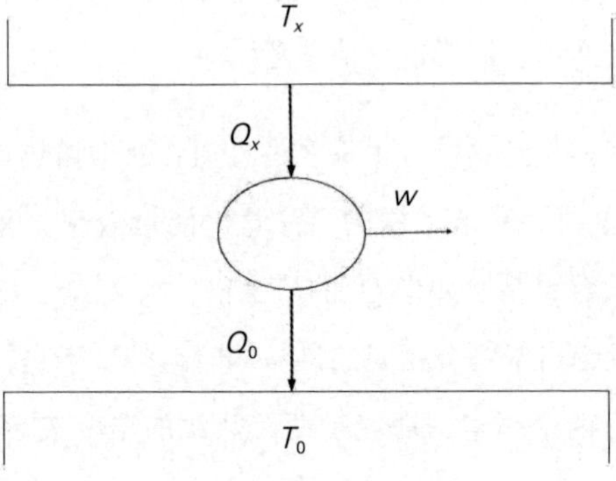

图 13-3 标定温度

我们注意到，热机效率只和两个热源的温度有关，而且其形式取决于两个热量的比值。那么我们很自然地思考，热量比值是否就等于温度比值呢？我们不妨先用这个猜想来标定未知温度 T_x，然后再来验证这个猜想是否正确。

$$\frac{T_x}{T_0} = \frac{Q_x}{Q_0}$$

$$T_x = \frac{Q_x}{Q_0} T_0 = \frac{T_0}{1-\eta}$$

我们现在用机械效率为所有高于 T_0 的温度进行了标定。

如果观察到外界对机械做功，那么 $T_x < T_0$，机械效率是：

$$\eta = 1 - \frac{Q_x}{Q_0}$$

同理，假设热量比值与温度比值一致：

$$\frac{T_x}{T_0} = \frac{Q_x}{Q_0}$$

$$T_x = \frac{Q_x}{Q_0} T_0 = (1-\eta) T_0$$

这样，我们就为所有低于 T_0 的温度进行了标定。

最后我们验证刚才的猜想：可逆卡诺循环的热量比值等于温度比值。证明过程请参考附录。

我们现在得到了一组以可逆卡诺循环机械效率为基础的温度标

定方式。机械效率可以改写为：

$$\eta = 1 - \frac{T_{低}}{T_{高}}$$

事实上，如果我们采用第 12 章介绍的理想气体的温度标定方式：

$$PV = NkT$$

用理想气体构造一个具体的可逆循环，通过计算热量传递和做功，我们可以证明（构造过程和证明过程略去）：

$$\frac{T_1}{T_2} = \frac{Q_1}{Q_2}$$

因此，对于理想气体构成的可逆卡诺循环来说，这两组温度定义是**等价**的。相比之下，新的温度定义要普适得多——它不依赖于任何具体的物质性质，而仅仅依赖于热力学第二定律。从现在开始，我们完全使用新的温度定义。

可逆卡诺循环的热量传输与温度成正比，我们可以定义一个量来描述这个比值：

$$S = \frac{Q_1}{T_1} = \frac{Q_2}{T_2}$$

也就是说，S 表达了卡诺循环中每单位温度有多少热量流入或流出这个热源。如果热源温度是 T，流经的热量就是 ST。由此，我们似乎可以为卡诺热机定义一个物理量,它描述的是在卡诺循环的每一步中,热机与热源交换了多少 S。如果这是一个可逆循环,那么流入的 S 刚好等于流出的 S,热机的 S 值没有变。于是,S 就描述了热学变化中的某种**守恒量**,这个量和热力学第二定律有关。

尽管在卡诺热机的语境中,S 描述的是某种被传递的量,但我们更希望它描述物体的**状态**。当物体的状态发生变化时,它的 S 值也发生变化,而 S 的变化量就是它与环境交换的 S。这就好比,能量描述了物体的状态,物体在和外界交互时能量发生改变,改变的量就是它和外界交换的能量。一个描述物体**状态**的量,应该和物体达到这个状态前的**历史**无关。换句话说,从一个状态出发,无论它经历什么路径,当它达到另一个状态的时候,它的 S 值都应该是相同的。与之等价的一个表述是:当一个系统经历某条路径并最终回到初始状态时,它在这个过程中与外界交换的所有 S 的总和应该为零。

可逆卡诺循环刚好符合这个性质。

从现在开始,我们为这个表达物体状态量的 S 值赋予一个名字,称之为"熵"。假设在一个循环开始时,卡诺热机的熵是 S_0,那么,经过一个可逆卡诺循环后,它从 T_1 吸收的熵是:

$$\Delta S_1 = \frac{Q_1}{T_1}$$

它向 T_2 释放的熵是:

$$\Delta S_2 = \frac{Q_2}{T_2}$$

通过刚才的推导，我们知道：

$$\Delta S_1 = \Delta S_2$$

也就是说，经历一次可逆卡诺循环后，热机的熵没有净增，而回到原值 S_0。

事实上，我们可以将这个性质从可逆卡诺循环推广到**任意**可逆循环。假设一个物体经历了一个循环，这个循环由 N 步构成，每一步的温度为 T_1、T_2……T_N，每一步与热源交换的热量为 Q_1、Q_2……Q_N（正值为吸热，负值为放热）。我们计算每一步的熵改变量：

$$\Delta S_i = \frac{Q_i}{T_i} \quad (i = 1,\ 2,\ \cdots,\ N)$$

可以证明，将它们叠加，总和确实为零，熵确实是一个状态量。证明过程请参考附录。

于是，想知道物体在某个状态的熵，我们只要从一个已知熵的状态开始，设计一条可逆的路径，让物体达到目标状态，然后计算每一步的熵改变量（热量除以温度），就可以计算出目标状态的熵。通过刚才的证明，我们知道，无论选择什么路径，只要它是可逆的，那么最终结果都是相同的。

但是，这套方法只能告诉我们物体在两个状态之间的熵的差值，无法告诉我们某个状态的熵的绝对值。我们应该为熵定义绝对值吗？熵的绝对值有意义吗？要回答这些问题，我们要追寻熵在微观视角下的统计含义。但在此之前，我们先探讨一下不可逆过程。

通过之前构造的卡诺循环，我们知道不可逆循环的热机效率比可逆循环低。也就是说，同样吸收 Q_1，不可逆循环会给热源 T_2 更多热量 Q_2。注意，在一个循环后，热机回到了初始状态，它的熵没有变（因为熵是状态量，与到达过程无关）。热源 T_1 释放了 Q_1，和可逆循环一样。但是，对于热源 T_2 来说，它吸收了更多热量 Q_2，因此它比可逆循环获得了更多熵。经历一次循环后，整个系统的熵增加了。这里你可能会困惑，热源 T_2 的状态似乎没有变，它的熵为什么会增加呢？熵不是只和物体的状态有关吗？注意，我们假设热源 T_2 是恒温热源，它有能力释放或吸收任意多热量。这是一种理论模型，在实际情形中不存在与外界隔绝的恒温热源。我们可以构造两个**足够大**的热源 T_1 和 T_2，热机循环的热量传输对这两个热源来说是微乎其微的，**几乎**可以确保恒温。实际上，这些热量要么以某种形式传递到系统外的地方，那么热源就输出了熵；要么热源温度发生轻微的改变，那么它的状态就变了；要么热量转变成其他形式的能量并被储存起来，那么它的状态也变了。无论如何，对不可逆循环来说，总的熵确实增加了。

没有完成循环的不可逆过程会如何呢？可以证明，这个过程的熵变化，比每一步的 Q/T 的积累要多。证明过程请参考附录。

热力学第二定律用熵来描述就是：一个可逆过程的熵变化，等于每一步的 Q/T 累加值，其中 Q 是它在这一步吸收的热量，T 是它在这一步所处的温度。不可逆过程的熵变化，**大于**每一步的 Q/T 累加值。如果这是一个没有能量交换和物质交换的封闭系统，那么可逆过程的熵不变（因为每一步的热量传递都是零），而不可逆过程的熵增加。因此，热力学第二定律通常被称为"熵增定律"。

　　仔细思考这个描述，它和之前介绍过的所有定律都不一样。它告诉我们，一个封闭系统的某一个状态量，**总是**朝着一个特定的方向变化。它要么不变，要么变大，但不可能变小。既然宇宙是包含万物的系统，那么它就是一个封闭系统，因为对它来说没有"外面"，不然可以把"外面"纳入宇宙，变成系统的一部分。熵增定律告诉我们，如果把宇宙所有部分的熵相加，得到整个宇宙的熵，那么它应该是永不减小的值；同时宇宙中发生的任意不可逆过程（比如把冰块扔进热水中）都会让总熵增加。一方面，宇宙的熵不断增加，这意味着宇宙的演化是打破时间反演对称的。但另一方面，第 9 章讲过，支配宏观现象的基本作用力（万有引力和电磁力）都遵守时间反演对称。即使考虑强力和弱力这样的微观作用力，它们也遵守 CPT 联合对称。既然一切现象都可以还原为基本作用力，那么时间反演对称是在哪里被打破的？这个问题称为"时间箭头"问题，它困扰了物理学家很久，甚至当人们了解了熵在微观视角下的统计含义后，它又带来了新的困惑。

　　在我们担忧宇宙的命运前，需要纠正一个常见的误解。熵不是在任何系统中都具有明确定义的。本章定义的熵只适用于平衡态和准平衡态（系统变化缓慢，绝大部分时间处于近似平衡态）。如果一个系统处于剧烈的变化之中（比如一杯热水与一杯冷水在交融的过程中），那么本章的定义不适用。人们通过热力学熵和即将介绍的统计力学熵的性质，试图将熵的定义推广到非平衡系统，得到了一些互不等价、用来描述不同过程的熵定义，但目前对"非平衡态的熵"这个概念还没有达成共识。对热力学第二定律而言，不可逆过程通常是远离平衡态的（比如冷热水交融），因此系统在不可逆过程中的熵无法定义。也就是说，热力学第二定律只能告诉我们熵经历了不可逆过程后一定会增加，我们也可以通过始末平衡态计算熵增加了多少，但至于具体某个不可逆过程贡献了多少熵增量，我们无法根据动力学过程来计算。

　　回顾第 12 章，我们揭示了温度在微观视角下的统计含义。对于理想气体，它代表了粒子的平均动能。本章定义温度的方式与第 12 章不同，不能直接将第 12 章中推导出来的温度的统计含义照搬过来。那么，我们应当如何理解温度的新统计含义呢？这要从熵的统计含义入手。

　　尽管本章定义温度的逻辑和第 12 章不同，但我们希望两者在共同适用的范围里，定义是等价的。因此，我们从熟知统计性质的理想气体中寻找答案。奥地利物理学家路德维希·玻尔兹曼（Ludwig Boltzmann）发现，从理想气体方程推导的熵函数，有一个极其简洁的统计含义：

$$S = k \cdot \ln(\Omega)$$

这个熵也称为"玻尔兹曼熵"，其中 k 是第 12 章引入的玻尔兹曼常数，$\ln()$ 是自然对数函数，Ω（希腊字母，读作 /oʊˈmɛɡə/。之前出现的描述角速度的 ω，是它的小写字母）代表了这个宏观状态对应多少种可能的微观状态。这个概念有些抽象，我们来看一个具体的例子。

　　假设一个容器分为左右两个舱，中间没有隔断，有四个粒子畅通无阻地在容器里运动（见图 13-4）。四个粒子是完全相同的，但是我们可以追踪每个粒子的轨迹，然后人为地为它们标号。如

果我们数左右舱的粒子个数，会发现一共有五种可能的**宏观情形**，
分别是：四个都在右边，左边一个右边三个，左右各两个，左边三
个右边一个，四个都在左边。对第一和第五种情况，只有一种可
能的**微观情形**。但是，对于第二种情形，有四种可能，也就是其
中一个粒子在左边，剩下的在右边。注意，由于粒子是完全一样
的，因此这四种微观情形看上去没有任何区别。同理，第三种宏
观情形对应六种微观情形。第四种宏观情形和第二种一样，对应
四种微观情形。

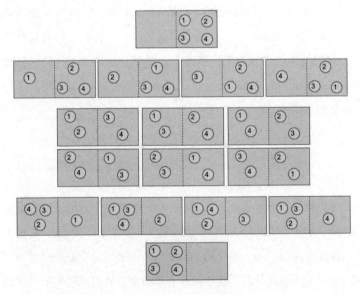

图 13-4　微观状态数

于是，对五种宏观情形来说，Ω 的值分别是 1、4、6、4、1。
实际情况要比这个例子复杂得多。粒子的数量非常非常大（10^{23} 个
数量级），而且我们关心的宏观情形不仅包括粒子在空间中的位置

分布，还包括粒子的运动速度、自身转动角速度，有时甚至需要考虑粒子的内禀自由度（回顾之前介绍的"内禀对称"）。因此，人们通常不会直接计算 Ω 的数值大小，而会关心 Ω 在不同宏观状态之间的变化关系。

自然对数函数 ln() 在数学中是一个"单调函数"，意思是：Ω 越大，ln(Ω) 也越大，熵越大。这样一来，熵增定律的统计含义就很清晰了：一个封闭系统总是朝着微观状态数更多的宏观状态发展，直到它达到一个微观状态数最多的状态，称为"最概然状态"。在上面这个例子中，最概然状态是第三种宏观情形，即左右舱的粒子个数相同，都是两个。拓展到真实气体，在热平衡态下，我们总是看到粒子均匀地分布在容器中，而几乎不会看到粒子自发地挤到容器的一侧。反过来，如果我们刻意把气体都挤压到容器的一侧，同时把另一侧抽成真空，中间用隔板断开。当我们撤去隔板时，气体会迅速扩散到整个容器，均匀分布——这是最概然的分布，即熵最大的情形。

这里还做了一个假设：所有符合能量守恒的微观状态都会以一定概率出现。数学上可以证明，当一个系统达到平衡态时，某个微观状态出现的概率与它的能量有关，能量越高，概率越低。如果两个微观状态的能量相等，那么它们出现的概率也相等。在刚才的例子中，左右舱是对等的，每个粒子出现在左右舱的概率相等，各是 50%。因此，五种宏观情形出现的宏观概率分别是 1/16、4/16、6/16、4/16、1/16。

分析到这里，温度的新统计含义就呼之欲出了。回忆宏观熵的定义：

$$\Delta S = \frac{\Delta Q}{T}$$

现在，我们将熵的统计含义（玻尔兹曼熵）作为其标准定义，那么我们可以反过来定义温度（这是本书中的第三个温度定义）：

$$\frac{1}{T} = \frac{\Delta S}{\Delta E}$$

等号右边的含义是：系统的熵函数随能量的变化率。这个变化率的倒数被定义为温度。注意，在没有做功的情况下，系统吸收的热量完全成为其能量，所以 Q 和 E 是一回事。数学上可以证明，对理想气体来说，这个温度定义和第 12 章中的定义完全等价，而且它很容易拓展到其他系统，成为更普适的温度定义。对一个能量可变的系统来说，温度越高，它处于高能量状态的概率越大。因此，温度的统计含义是：系统处于某个能量状态的概率的标度。

值得一提的是，这个新的温度定义符合第 12 章最初提出的热力学第零定律，即两个达到热平衡态的系统具有相同的温度。证明过程请参考附录。

读到这里，你有没有感觉到异样？在第 5 章中，我们强调了力学的逻辑：对一个物体或者系统而言，一旦它的初始状态确定了，它之后每一刻的状态都可以通过相互作用力公式和牛顿第二定律精确无误地计算出来。无论多复杂的系统，都可以被视为一部精密运转的机器，容不下任何不确定性，概率在其中无立足之地。对理想气体来说，尽管所有气体粒子看似杂乱无章地运动和碰撞着，但是我们确切地知道每一个气体粒子要么做直线运动（假设没有外力），要么和其他粒子或者容器壁发生碰撞。这些碰撞过程符合能量守恒（粒子间的碰撞还符合动量守恒），通过碰撞前的位置与速度可以精确地计算碰撞后的运动轨迹。理论上来说，只要观测技术足够先进、计算能力足够强大，我们就可以精确地预知每个粒子在未来任何时刻的状态。某个粒子要么在那里，要么不在，而不会以某个概率在那里。即使不是理想气体，计算过程可能复杂一些，但决定性的本质不会改变。

但是，玻尔兹曼告诉我们，一个宏观状态的熵由所有可能的微观状态数决定，每一个微观状态都会以一定概率出现。按力学的机械决定论观点，只允许一种微观状态，那就是由初始条件演化而来的微观状态。这两种观点岂不矛盾？

这又回到了第 12 章的观点：在不同层次需要不同概念和理论来描述系统。以温度为例，我们真正关心的是所有粒子的平均动能，至于具体某个粒子在某个时刻往哪飞，我们并不关心。对熵来说也是如此。构成某个宏观状态的微观状态数越多，那么从不同初始条件出发，达到这个宏观状态的概率就越大。至于每个粒子某时某刻具体处于哪个微观状态，我们并不关心。如果不是在精确地追踪每个粒子的轨迹（事实上也做不到），我们甚至无法分辨粒子系统究竟处于哪个微观状态。因此，用概率的视角来描述粒子的微观状态，对只关心宏观状态的人来说，是最有效的方式，或许也是唯一的方式。这种基于概率和统计的物理学研究方法，称为"统计物理学"。

统计物理学中有一个重要的"遍历定理"，意思是系统从某个微观状态出发，只要经历足够长的时间，它就可以无限接近于另一个能量相同的微观状态。尽管这个定理没有告诉我们"足够长的时间"是多长，但根据日常经验，人们发现通过粒子之间的频繁碰撞，系统其实很快就会"忘记"它的初始状态，而按概率分布在不同微观状态间随机切换。

同样的思路也可以帮助我们理解时间反演悖论。力学逻辑告诉我们，如果时间倒流，每个粒子都会反转运动方向，那么整个系统就应该回到初始状态。由于支配粒子运动和碰撞的相互作用力是符合时间反演对称的，因此这种时间倒流的现象是被允许的，应该可以在日常生活中被观察到。比如，冰块放进热水中之后会融化变成一杯温水，那么时间倒流的话就是从温水里自动产生出一块冰，剩下一杯热水。但是，如果计算熵，我们会发现冰融化在热水里这个过程的熵增加了，而反过来的过程的熵是减少的，热力学第二定律不允许它发生。一个系统总是朝着概率更大的宏观状态发展，而不会反过来。

这两个解释并不矛盾，因为它们在描述不同层次的过程。从水分子的微观层次来看，冰融化于热水的过程中，每一个水分子的运动都是确定的，过一段时间后，它们会达到某一个**特定**的微观状态，这个微观状态对应的宏观状态是一杯温水。但是，宏观观察者无法分辨这杯温水是处于**这个**微观状态，还是处于其他微观状态。而对应"一杯温水"的微观状态数太多太多了，如果将每一种可能的微观情形都作时间反演，那么可能只有**那一个**微观状态会返回到冰块与热水分离的初始状态，剩下的 999…999 个状态都反演成了另一种"一杯温水"的微观状态，以至于我们根本无法分辨这杯温水到底有没有变过。即使穷尽整个人类文明，我们也等不到"一杯温水自发分离出冰块和热水"这样"中头彩"的事情发生。因此，尽管微观过程是可逆的，但是作为宏观观察者，我们只能将大量在宏观尺度上无法分辨的微观状态**归为一类**，然后发现系统（在概率上）**总是**朝着最概然的那个宏观状态发展。热力学第二定律正是基于这样的经验提出的。

我们总是以"粗粒化"的方式来认识宇宙。粗粒化的意思是在某个层次上，我们只能以相对应的精细化程度描述探讨对象。比如，对于气体，我们只能描述它的宏观性质：压强、体积、温度、熵，而不能详细追踪每个粒子的位置、速度、相互作用力——尽管了解这些微观规律有助于我们理解宏观系统的性质。再比如，在研究一个国家的宏观经济状况时，我们主要关注产业结构、就业率、金融环境、消费指标、财政收支等宏观概念，而不会去追踪每个个体的经济行为。有时候，细粒化的性质，会随着粗粒化而消失，比如气体粒子的时间反演对称性，或者个体经济行为的差异；有时候，粗粒化会呈现出细粒化所没有的特征，比如遵从简单指令的蚂蚁会集结产生复杂的社会结构。量的积累会**涌现**出新的行为特征，需要使用新的概念和方法来研究它们——这是无法通过**还原**从下一个层次的基础理论中获得的。

人们有时会用"有序"与"混乱"来描述熵。"有序"的含义是系统的诸成分处于特定的状态，秩序意味着对状态的强烈约束与限制；相反，"混乱"意味着系统呈现出杂乱无章的状态，从宏观上看不出明确的状态和秩序。比如，书店里的书按类别、出版社、年代分门别类地摆放在书架上，这就是有序的状态；相反，废品收购处的旧书杂乱地堆叠在一起，这就是混乱的状态。书店里的书必须按一种特定的规则摆放，这意味着只允许一种微观状态；废品收购处的书，无论怎么摆都可以，微观状态数远远大于前者。有序意味着低熵，混乱意味着高熵。熵增定律的含义是，如果没有外界能量输入，那么系统总是向着混乱度不变或更混乱的方向发展。如果要维持有序的低熵状态，就需要外界的能量输入。书店的顾客在翻看书后可能把书放回到错误的地方，如果不加干预，那么书的位置会越来越混乱，熵变大；若要保持书的有序摆放，就需要店员定期整理，把错放的书放回到规定的地方，维持秩序，保持低熵。

对热力学第二定律本质的探讨从宏观视角到微观视角一直没有停止过。苏格兰物理学家麦克斯韦提出过一个著名的思想实验，试图推翻这条定律。他设想一个装有气体的容器，中间被绝热板隔开，隔板上有个小门，每次只容许一个气体粒子通过。门口有一个"小妖"把守，"小妖"可以控制门的开关（见图 13-5）。如果门始终开着，那么左右舱是连通的，气体可以随意进出。两边达到热平衡态，温度相同。"小妖"被赋予了一项工作：它时刻监视着门附近的气体粒子的运动，当观察到速度较高的粒子从左往右时，它把门打开，允许粒子经过；如果从左边过来的是低速粒子，那么它把门关上，让粒子反弹回去。反过来，如果从右边过来的粒子速度高，它关门，让粒子反弹；如果速度低，则开门，让粒子流到左舱。久而久之，从左到右的粒子速度都比从右到左的粒子速度大，那么右边粒子的平均动能越来越大，越来越热，左边气体越来越冷。注意，"小妖"本身没有对气体粒子做功，没有让任何粒子的速度变大或变小，它只负责监视和决策。小门被设计得非常轻巧，开关门不需要消耗什么能量。于是，我们没有消耗额外的能量，就让热能自发地从低温流向高温，系统的熵变小。这与热力学第二定律矛盾。

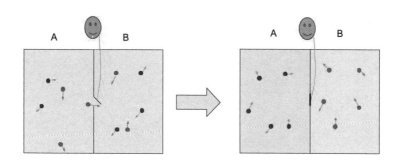

图 13-5　麦克斯韦妖（见彩插）

问题的症结在于"小妖"。无论它是一个智能生命还是人造机器，为了执行这项工作，它自身都必须保持一个低熵有序的状态。它必须时刻观测门附近的粒子速度，这种观测行为本身是需要消耗能量的；它还要将收集到的数据转化为开关门的决策，然后执行它，这些行为都需要执行者保持低熵有序的状态，而保持这种状态本身，是需要能量的。因此，我们不能仅仅把气体视作封闭系统，而必须把气体和"小妖"一起看作一个系统，那么它就无法在没有外界能量输入的情况下实现冷热分离的效果。

现代信息论的奠基人、美国数学家和电气工程师香农在 20 世纪 40 年代提出"信息熵"的概念，他将信息理解为负熵。随着生命科学的发展，人们发现麦克斯韦妖不再是思想实验。生命体在分子层面不断地制造和利用这些"小妖"，低能耗、高精度地传递着信息，维系复杂的生命秩序。纳米技术的发展也使得人们可以在分子层面制造出类似"小妖"的设备。对生命科学而言，生物信息是和构成生命的物质基础同等重要的概念。

热学先介绍到这里，但关于时间箭头的探讨才刚开始。量子力学和复杂系统的兴起为这个问题带来了新的视角。我们会在下册的"时间箭头"一章中展开讨论。

第14章

原子结构

下一个领域是电磁学。在进入电磁学之前，我专门用一章介绍原子结构。本章中的一些概念比较超前，可能读起来比较晦涩，其中部分概念会在下册中详细介绍，你可以在读完量子力学的相关章节后回顾本章。

第 3 章简单介绍了原子结构，给人的印象是：电子像地球绕太阳旋转那样绕原子核旋转。但事实上，电子与原子核的关系与星体大相径庭，粒子在纳米级的微观尺度上呈现出的性质与宏观世界截然不同。早在掌握星体的运动规律之前，人类就已经记载了大量天文学观测数据。然而，在提出原子模型之前，人类并没有技术手段观察单个原子及其结构。因此，不能想当然地将天体模型直接套用到微观世界。

观察微观结构需要用到显微镜。现代显微镜有许多种类，其成像原理各不相同。如果不是专业研究人员，那么你接触过的显微镜一般都是光学显微镜，其原理是光照射到物体表面反射，反射光经过透镜的折射与反射产生放大的图像，被肉眼直接观察。光本质上是电磁波。既然是波，就有波长、频率、速度等物理量。可见光的波长最短约为 500 纳米。光学显微镜成像的第一步是光照射到物体表面后反射，但如果物体的尺度比光的波长还小，那么光照射到物体后发生的就是衍射而不是反射。原子的尺度在 1 纳米级别，也就是说，不论如何改良光学仪器的工艺，只要用可见光作为观察媒介，就不可能看清原子。但换个角度，我们可以用更短波长的电磁波去"看"原子，而这些电磁波已经超出了可见光的波段，不能用肉眼直接观察了，需要借助其他手段处理返回的电磁波信号。这就需要对电磁波有着足够的理论理解能力和技术驾驭能力。

量子力学给予我们另一条思路：电子本身具有波的性质，电子束可以取代光作为观测媒介。因为电子的运动轨迹会受电场和磁场的影响而发生偏折，所以电磁场可以取代透镜调节电子束的路径。这就是电子显微镜的原理。电子显微镜可以达到纳米级的观测精度。

后来，又有物理学家另辟蹊径：能否通过"摸"而不是"看"来感知物体表面的结构呢？也就是说，不用光束或电子束，而用一根非常灵敏的探针在物体表面来回移动，让探针感知表面微弱的力量变化，就像盲人用手摸盲文那样。量子力学中有一种"隧穿效应"，意思是即使一个粒子的能量不足以翻越势能的山丘，它依然有一定概率到达山的对面，仿佛通过一条隧道捷径。通过精确测量隧穿电流的强度，就可以计算针尖和物体表面之间的距离，也就可以还原物体表面的结构。这种显微镜称为扫描隧道显微镜，它的观测尺度更小，甚至可以观测原子的内部结构。

可见，对原子结构的观测，远不如宏观世界那么直观。新的观测技术依赖于对电磁力甚至量子力学的掌握，因此总是落后于理论发展。构建原子结构的先辈们通过对宏观现象的观察、总结，推导出微观结构，然后提出预测，再和宏观现象对比，一步步将原子结构刻画细致——就像侦探在没有直接观察到案发过程的情况下通过蛛丝马迹推理出案发细节。

第 3 章提到，"宇宙由种类很少、数量很多的基本粒子构成"是非常朴素的想法。关于"原子"作为不可分割单位的抽象思想最早可以追溯到古希腊的德谟克利特（Democritus）。他指出，物体一分为二，大致上不会改变它的本性，但是物体无法无限分割，最终会分割到最小单位，这就是原子。他还指出，世界万物的差别，体现在组成它们的原子的种类和数量上。质还原为量，这是原子论的核心思想，也是当代物理还原论的核心思想。

中国战国时期的思想家墨子在《墨经》中也有类似的观点：

非：斫半，进前取也，前则中无为半，犹端也。前后取，则"端中"也。斫必半，"无"与"非半"，不可斫也。

意思是：将一个物体半分，取一半后继续半分，如此往复，一定会到一个时刻，剩下的物体无法继续半分。

但是，这些观点都停留在哲学思辨层面。16～18世纪，这个思想被以牛顿为代表的一批物理学家重拾并传承，牛顿的几乎所有理论都基于微粒模型，这深刻地影响了今天的粒子宇宙图景，甚至为其奠定了基础。但是牛顿朴素的微粒模型依然停留在抽象层面，没有试图探讨这些微粒到底是什么样子，到底有多小。比如，牛顿认为光是由光的微粒构成的，光的折射与反射其实都是光粒子的运动轨迹，但他没有解释光粒子到底是什么。

和当今原子实体概念最相近的思想可以追溯到19世纪初，当时人们已熟知两条关于化学反应的定律：一条是质量守恒定律，即体系的总质量在化学反应前后不变；另一条是元素定比定律，即不论反应物有多少，构成它的各元素的质量比例不变。英国化学家约翰·道尔顿（John Dalton）基于这两条定律，推论每一种化学元素都应该由一类非常小、不可再分割的基本粒子构成，而化学反应其实就是大量的这些基本粒子的重组。在此基础之上，意大利化学家阿莫迪欧·阿伏伽德罗（Amedeo Avogadro）进一步区分了分子与原子。他指出，大部分物体是由分子构成的，而分子是由原子构成的。分子中各原子的比例，就决定了物体中各元素的比例。但是，这套理论依然没有涉及分子和原子的微观粒子结构，而是作为一种逻辑推论提出的——令人惊奇的是，这种推论与后来物理学的发展高度吻合。

19 世纪初，苏格兰植物学家罗伯特·布朗（Robert Brown）通过显微镜观察由花粉迸射出的微粒，发现它们会在水面杂乱无章地运动。这种现象被称为"布朗运动"。近一个世纪后，爱因斯坦在他的奇迹年（1905 年）发表了一篇解释布朗运动的论文，指出微粒的运动是由水分子的不停撞击引起的，还推导了决定布朗运动幅度的公式。爱因斯坦对布朗运动的定量解释是原子 / 分子真实存在的最早证据之一。

在和布朗差不多同一时代，英国物理学家约瑟夫·约翰·汤姆孙（Sir Joseph John Thomson）发现在电极之间施加电压时，阴极（也就是负极）会发射出射线，称为阴极射线。阴极射线会在电场中偏折，因此带有电荷。根据偏折方向，汤姆孙指出阴极射线其实是一种带有负电荷的粒子束（这种粒子后来被称为电子）。既然这种带电粒子（电子）来自电中性的原子，那么原子一定有内部结构，且电子是原子结构中的一部分。

原子结构究竟是什么样的呢？根据他对物质的朴素认知，汤姆孙认为物体应该是连续介质，就像一整块面包一样。既然从阴极激发的是电子，那么电子是原子中比较轻的成分。他提出"葡萄干面包模型"，认为物体的主体，也就是模型中的面包，是带正电的部分，并且均匀分布在物体中，而电子像葡萄干一样零星地镶嵌在面包中，在电压作用下会脱离面包而被发射出去。

汤姆孙的学生欧内斯特·卢瑟福（Ernest Rutherford）基于 α 粒子（一种带正电的粒子束）撞击金箔的散射实验，指出了"葡萄干面包模型"的缺陷。他发现，尽管大部分 α 粒子会穿透金箔，却有少数 α 粒子在撞击金箔后会发生大角度的偏折甚至反弹。如果金箔中的正负电荷像面包与葡萄干那样分布，那么应该无法观察到这种散射现象。卢瑟福提出，原子结构其实更像星球公转，正电荷集中在一个尺度非常小的范围之内。当同样带正电荷的 α 粒子以很小的概率撞到这些正电荷时，会在库仑力的作用下发生大角度偏折。后来，星球公转模型成为经典物理中原子结构的标准模型。与我们的朴素经验大相径庭的是，原子内部其实绝大部分空间是空的，绝大部分质量集中在尺度非常小的原子核内。

但是，卢瑟福的原子模型仍然存在很多问题。比如，电子绕原子核公转时有加速度，根据电磁力理论会产生电磁波，伴随着电子能量减小，轨道半径减小，最终落入原子核内。即使不是这个原因，也可能因为其他粒子的撞击而偏离原先轨道，由于库仑力吸引而掉进核内。再比如，原子会激发或吸收光，伴随电子能量的变化。如果电子像公转的星球那样，那么它的能量应该是连续分布的，对应的光的波段也应该是连续的，但原子的发射光谱和吸收光谱总是离散的。

这些问题都无法在经典力学的框架中得到解释。在纳米尺度，量子力学开始起主导作用。取代卢瑟福原子模型的是玻尔原子模型，我会在下册的量子力学相关章节中展开介绍。这里，我仅展示玻尔原子模型的一些基本性质。

　　丹麦物理学家尼尔斯·玻尔（Niels Bohr）提出的原子模型针对的是最简单的氢原子，即原子核只有一个带正电的质子，核外只有一个电子。他认为，电子的轨道不像星球的公转轨道那样可以有任意间距，而是离散的，并且第 n 条轨道的半径 r_n 必须满足：

$$r_n = an^2$$

其中，a 是第一条轨道的半径，对氢原子来说，它的值大约是 0.529 纳米。注意，因为 n 是从 1 开始计数的，所以电子离原子核最近的距离就是 a，而不会因为原子核的吸引跌入核内。这是量子力学中大量违反常识的性质之一。

　　每条轨道上的电子能量等于动能加静电势能，等于：

$$E_n = -\frac{E_0}{n^2}$$

其中，E_0 是第一条轨道的能量绝对值。这个值是负的，说明电子的负势能比动能大，因而电子被束缚在原子核周围运动。如果动能大于势能，那么电子会摆脱束缚而离开原子核。当轨道级别 n 非常大的时候，E_n 几乎为零，电子几乎可以脱离原子核的束缚而自由运动。电子可以在不同轨道之间切换，伴随能量的变化，对应的现象是释放或吸收带有能量的光，也就是我们通过实验观察到的发射光谱和吸收光谱——这也解释了这些光谱为什么是离散的。注意，因为电子只能存在于离散的轨道上，所以切换轨道不像人造卫星那样从一条轨道逐渐地飞往另一条轨道，而是突然、一下子、没有过程地从一条轨道变到另一条轨道。这是量子力学中另一个违反常识的性质。

量子力学中有一条非常重要的定理，称为"泡利不相容原理"。它的大意是，不允许两个同种粒子处于完全相同的量子态。对于电子来说，同一条轨道上允许出现的量子态数是有限的。因此，如果一个原子有很多电子，那么它们不能密密麻麻地分布在同一条轨道上，而必须按能级从低到高逐层排列。第 n 条轨道上的量子态数为 $2n^2$，所以从第一层开始，每层轨道可以容纳的电子数依次为：2、8、18、32、50……如果你了解元素周期表，那么你会发现这个数列和元素周期表中每行的元素数量均能精确对应。值得注意的是，当有多个电子在同一条轨道上时，电子之间会有相互作用力，导致同一轨道的能量会有高低之分。从第三层轨道开始，甚至会出现下一层的低能级比这一层的高能级能量还低的情况。

我们以钠原子为例，观察它的电子排布（见图 14-1）。

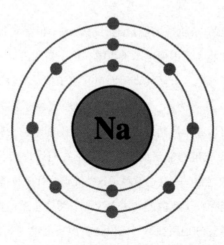

图 14-1　钠原子的电子排布示意图

钠在元素周期表中排在第 11 位，原子核由 11 个带正电荷的质子和 12 个电中性的中子构成。钠原子有 11 个电子，分布在三层轨道上，由内往外的数量分别是 2、8、1，前两层电子能量比较低，相对第三层的电子而言被更稳定地束缚在原子核周围。第三层那个电子更"自由"，更容易受到外力作用而摆脱束缚。因为一个质子的电荷与一个电子的电荷相同，所以当第三层电子离开钠原子时，钠原子的净电量就是正的，称为"钠离子"。这个电子可能加入别的原子的外层轨道，让那个原子变成带负电的离子。物体在不同环境下呈现出的电荷，通常是由离子和电子产生的。金属的一个重要性质是有大量电子几乎不受原子核束缚地自由流动，施加外部电压时会形成稳定的电流，这就是金属导电性的来源。

玻尔原子模型的局限在于，和在经典物理中一样，电子被视为点粒子。但是，在量子力学中，一切物体都以概率波的形式弥漫在空间中，包括电子。当多个原子挨得很近时，电子波函数会融合，形成能量更低、更稳定的轨道，而原子就通过这种融合互相绑定，形成分子。这称为"轨道杂化理论"，可以解释为什么有些原子互相之间更容易结合成分子，也可以解释分子的空间形态，还可以解释为什么很多元素在自然状态下总是以分子而非单个原子的形态存在，比如氧气、氢气等。轨道杂化理论超出了本书的范围。我会在下册的"量子力学"一章中介绍概率波的概念。

第 15 章

电

本书始终秉持的原则，即"通过常识与逻辑，从零开始构建一套可以统一宇宙的理论"，在电磁学领域会遇到一些困难。一来由于我们在自然界中观察到的电磁现象非常有限，因此真正推动电磁学理论发展的现象大都发生在实验室内；二来许多电磁现象需要由第 14 章介绍的原子结构来解释，而后者的发展要晚于前者，并且不完全是由电磁学推动的，与其他物理学领域的关系错综复杂。因此，本章及之后的两章将简单梳理一些历史脉络，着重以今天的电磁学理论为起点，解释电磁现象。

最初，人们对电现象和磁现象是分开研究的，然后人们发现两种力不仅在形式上非常相似，而且可以互相转化。在以法拉第和麦克斯韦为代表的物理学家的杰出工作下，电和磁被统一在一个完整的框架内，统称为电磁力。对电流、电路、发电机、电器的研究帮助人们驾驭电能，风能、热能、化学能都可以转换成电能储存起来，通过电线迅捷地传递到千家万户。原本作为描述电磁力的辅助手段的"场"，从幕后走向台前，成为刻画电磁现象的主要概念。在发现电磁场会以波的形式在真空或介质中传播后，人们又惊喜地发现光的本质是电磁波。当人们驾驭了电磁波的强大力量后，很快发明了无线电，引发了通信革命。

电磁力让爱因斯坦开始思考时空的本质。"光速在任何参考系下都是常数"这个设定，促使他革命性地重新定义时空，以狭义相对论颠覆了牛顿经典力学的时空基础。电磁力在狭义相对论下有着极其简洁、优美的表述。20 世纪的另一场物理学革命——量子力学的提出，颠覆了人们对物质和相互作用力的基本认识。电磁场被认为是一种"规范对称"下的必然形式，电磁力与弱力、强力被统一在"标准模型"下，奠定了现代物理学理论的基础框架。

这些理论会在之后的章节中详细展开。电磁学可以说是物理学中承前启后的重要学科。这里，我们从最基本的静电力开始，踏上这段精彩的旅程。

尽管人类很早就意识到电现象的存在，但可靠的电理论出现得很晚。从今天的视角看，自然界中充斥着和电相关的现象，但大部分不是电现象本身，而是其副作用。比如，打雷和闪电，其实分别是高压电击穿空气时伴随的声音和光。雷电击中干燥的木材引发火灾，是燃烧和发热现象。再比如，在干燥的冬夜里脱毛衣时会看见静电的火光，听到噼里啪啦的声响；皮肤接触金属时会被静电电到，感受到疼。我们从电现象感受到的通常是声、光、热、疼痛感等现象。

除去这些副作用，什么才是"纯粹"的电现象呢？电和磁，合在一起作为四种基本作用力之一，含义是在粒子间产生相互作用力，影响它们的运动轨迹。这类现象是可以在日常生活中观察到的。比如，用干燥的塑料梳子梳完头发后放到一堆小纸片上，会把纸片吸起来，这就是相互作用力的直观体现。然而，和引力相比，这种现象并不常见。非常重要的原因是，电力有吸引和排斥两种效果，同性相斥、异性相吸，而自然界中的正电荷与负电荷达到了非常精妙的平衡，绝大部分物体的正电荷总数与负电荷总数几乎相等，因此物体之间的净电力非常微弱。与之相比，引力总是互相吸引的，所以尽管引力的量级比电磁力小得多，但积少成多，导致大尺度物体（比如星体）之间的作用力以引力为主。

人们对于电现象的早期研究始于摩擦生电。人们发现一些物体通过摩擦后会成为"带电体"，不同材料的带电体之间会有吸引或排斥的效果，有时还会给人体短暂、强烈的疼痛感。基于这些经验，人们制造出了可以源源不断地生产电荷的摩擦起电机。但问题是，这种电荷无法保存，随着机器停止运转就会消失。直到18世纪中叶，荷兰莱顿大学的彼得·范·穆森布罗克（Pieter van Musschenbroek）教授在一次实验中偶然发现一个装水的玻璃瓶可以储存大量电荷（见图15-1）。这个被称为"莱顿瓶"的装置在电学发展史上具有里程碑意义：电，从一种抽象、稍纵即逝的现象，变成一个稳定、可以制备的物体。当时的科学家和科学爱好者用各种尺寸的莱顿瓶演示了很多奇观，让大众感受到电的神奇力量。

图 15-1　莱顿瓶

关于电现象，最著名的轶事可能来自美国国父、政治家、发明家本杰明·富兰克林（Benjamin Franklin）。他观察莱顿瓶放电时伴随的闪光和声响，联想到雷电现象，猜想两者其实是一回事。他认为电是像水一样的流体，会沿着被雨水浸湿的线从乌云流入地上的莱顿瓶。于是，他成功地在雷雨天用风筝收集电①，并且发现，从天上收集的电，和摩擦起电机产生的电产生的现象完全相同。电是一种普适的自然现象。

有了储存电荷的莱顿瓶后，对电现象的定量研究就简单多了。法国物理学家夏尔-奥古斯丁·德·库仑（Charles–Augustin de Coulomb）通过测量微弱力的扭秤，发现电荷之间的作用力满足以下公式：

$$F = k\frac{q_1 q_2}{r^2}$$

其中，F 是静电力，也称为库仑力，q_1 和 q_2 分别是两个电荷的电荷量，r 是两个电荷之间的距离，k 是库仑常数。这个公式和万有引力公式完全一样。如果两个电荷是同性的，那么两个电荷互相排斥；异性则互相吸引。

电荷究竟从哪里来？第 14 章介绍了原子结构。原子外层的电子受原子核束缚较弱，相对容易在原子之间流动。失去电子的原子呈现为带正电的离子，得到电子的原子呈现为带负电的离子，物体电荷的主要来源就是正负离子和自由电子。举例来说，在干燥的冬天脱毛衣，当毛衣和材质不同的内衣摩擦时，电子会从一种材质摆脱原子核束缚而跑到另一种材质上，让毛衣和身体一个带正电，一个带负电。脱掉毛衣之后，身体上积累电荷，分布在身体各个部位。当电荷跑到头发上时，头发带的电荷是同性的，头发自身又比

---

① 这是一个非常非常危险的实验，千万不要尝试！同时代有物理学家因此被电击而丧命。

较轻，相斥的静电力会让头发竖立起来。当电荷跑到手上，手接近电中性的金属时，手与金属之间会产生静电势，形成电压，击穿空气，产生短暂而剧烈的放电现象，伴随声、光和疼痛。

梳完头的梳子会吸引小纸片，但其原理和头发竖立不同（见图 15-2）。纸片本身不带电，怎么会受到带电的梳子的吸引呢？纸片不带电，不代表它内部没有电荷，而是指所有正电荷与所有负电荷的总量相等，互相抵消。但是，纸片内部的电荷分布可能发生变化。假设梳子带正电，当它接近纸片时，纸片中的负电荷会因为正电荷的吸引靠近梳子，同时纸片中的正电荷会受到排斥而远离梳子。这两部分电荷与梳子的距离不同，导致尽管电荷量相等，但受力不同。根据平方反比定律，纸片中靠近梳子的负电荷因为距离梳子更近，所受的吸引力比远离梳子的正电荷受到的排斥力要强，导致纸片受到的净力是吸引力。纸片与梳子越近，这种净吸引力越强。当它足以摆脱纸片自身重力时，纸片就被吸引起来了。因此，整体电中性的物体仍然可以通过电荷分布呈现出电性质，这种性质称为"电偶极矩"。

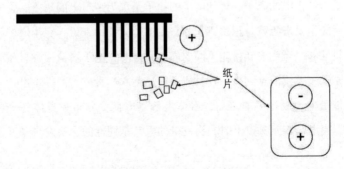

图 15-2　电偶极矩

导电性是材料的重要性质。导电性良好的材料，比如金属，更适合用来做输电线。导电性也是由原子结构决定的。金属的外层轨道上的电子受原子核束缚较弱，更容易以自由电子的形式在物体中流动。当物体两端分别分布大量正电荷与负电荷时，电子会向正电荷方向运动，形成电流，这就是金属导电性的来源（见图 15-3）。值得注意的是，电子受到静电力时并不是畅通无阻地在物体中运动，而是会在运动过程中不断碰撞其他原子，跌跌撞撞地向正极靠近。因此，从统计结果上来看，如果静电力的大小恒定，那么电子不是做匀加速运动，而是在平均效果上做匀速运动。与导体相反，绝缘体材料中的原子核紧紧地束缚住所有层的电子，自由电子很少，难以导电。

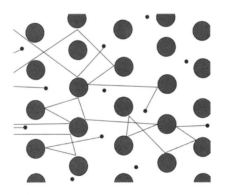

图 15-3　金属中的自由电子

除了固体，液体也会导电，比如水。卫生间的插座一般设计得比较高，这是因为卫生间意外蓄水的可能性比较大。如果插座很低，那么被水淹没后，高压电会通过水泄漏出来，非常危险。然而值得注意的是，纯水的导电性极差。水分子结构稳定，对电子的束缚很强，既缺乏自由电子，也很难形成带电离子。但是，水是非常好的溶剂，很多物质会溶解在水中，以带电离子的形式存在。以盐为例，其主要成分是氯化钠（化学式 NaCl）。氯化钠的晶体结构非常稳定，导电性很差；但一旦溶解在水中，形成带正电的钠离子和带负电的氯离子，两者都可以在水中自由流动（往相反方向运动），就形成了很强的导电性。与金属不同的是，这里承载电流的是正负离子，而不是电子。

下面聊聊自然界常见的电现象：闪电。我们知道，地球的大气层是分层的，其中离地面最近的是对流层。对流层包含了大气层中的大部分物质，以水蒸气和气溶胶为主。对流层中不同高度的气压、密度和温度差别很大，导致气体在不同高度之间频繁流动（这就是"对流层"这个名字的来源）。这种流动构成了绝大部分气候现象。如果对流层的空气非常潮湿，水蒸气达到饱和，就会形成云。对流层中的水蒸气在不同高度、不同温度下形成水滴、冰晶、软雹（一种颗粒较大的冰水混合物）等不同形态，在上下流动时剧烈碰撞，使得较轻的冰晶带正电，在云上端，较重的软雹带负电，在云下端。软雹离地面较近，吸引地表的正电荷聚集在地面，同时使负电荷远离地面，于是云层和地表就形成了正 - 负 - 正的电荷分布。当电荷积累到一定程度时，潮湿的空气会被击穿，成为等离子体。击穿过程伴随着电子在原子轨道间的跃迁，发射光，形成闪电。注意，闪电不全发生在云和地面之间。同一片云的上下端之间，不同云之间，都会发生闪电。云地之间的闪电占很小一部分，但也是对人危害最大的部分。

空气被击穿后，会在短时间内产生大量热。热导致空气极速膨胀，产生爆炸一样的效果，这就是打雷。因为声音的传播速度比光速慢得多，所以我们总是先看到闪电，后听到雷声。我们可以通过两者的时间差来估算闪电发生处与我们的距离。

闪电的功率极大，非常危险。生命体被闪电击中后会触电甚至被烧焦，森林被闪电击中可能导致火灾，建筑物被闪电击中可能导致电器受损，甚至直接破坏建筑结构。避雷针的原理是尖端放电，即尖锐的物体更容易吸收或释放电。避雷针一端插在比建筑物高的地方，通过导线连接到地里，这样它在闪电中首当其冲，吸引负电荷直接通过导线流进大地，避免建筑被击中。可见，避雷针的工作原理其实是引雷。

下面我们聊聊电路。现代人类文明离不开电，人类对电的驾驭是以电路为基础的。发电站将其他形式的能量转换为电能，通过输电线传输给工厂和家庭，然后经由电路为电器供电。电路就像水路系统一样，引导电流按我们的设计流通。

下面看一个最简单的电路图（见图 15-4）。这个电路由四部分构成：电源（干电池）、灯泡、开关、导线。电源的作用是在它的两极分别提供恒定的正电荷与负电荷。靠近正极的金属导线，其自由电子会被正电荷吸引并流向正极，此时这部分导线中的电子减少，剩余的原子呈现出正电荷，吸引后续的自由电子流向它。如此递进，直到电池负极的电子流向连接负极的导线，使得整条导线的自由电子都由电池负极流向正极，源源不断形成电流，就像水在水管中流动一样。你或许会担心，电子流到正极后，就与正电荷中和了，会导致正电荷越来越少，最终用完，电流也就停止了。不用担心，电池的作用就是通过额外的能量（通常是化学能）将电池内部的电子从正极搬到负极，让电子在电路中的运动形成完整的回路。但是，搬运电子是需要消耗能量的，能量来源就是电池内部的化学能。当化学能用完时，电池电量也就耗尽了。电子通过电器，会将一部分能量转换为光能、热能、机械能等形式。从整体上来看，电池中的化学能变成了电能，被电器消耗，总能量守恒。开关的作用非常直观，它控制着电路的阀门。一旦开关打开，电子流通路径中断，就没有电流了，能量转换也就停止了。

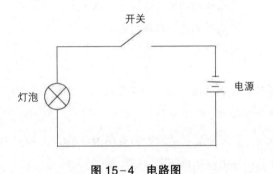

图 15-4　电路图

以上电路中的电流被称为直流电，即电流的大小和方向恒定。以电池为电源的电流就是直流电。家庭电路中，插座电源提供的是交流电，电流以 50 赫兹（在美国等一些国家是 60 赫兹）的频率改变大小和方向，即每秒发生 50 次改变周期。和直流电相比，交流电在远距离传输上效率更高，在导线上的损耗更小，而且还能利用电容器、电感器、二极管等特殊的电器组合产生复杂的电路效果。理解交流电需要用到的数学知识比较复杂，这里就不展开了。我们着重介绍直流电。

我刚才提到了很多次"电流"，电流的直观定义是单位时间内流经某个导体横截面（比如导线剖面）的净电量。下面我们以金属导线为例，从微观角度分析电流受哪些因素影响。

金属中承载电流的是自由电子。刚才提到，导线中的电子不是畅通无阻地做加速运动，而是在与原子不断碰撞的过程中跌跌撞撞向前推进的①。我们观察到的电流，其实是大量碰撞产生的统计效果。描述这个过程的模型称为"德鲁德自由电子模型"，简称德鲁德模型。从德鲁德模型出发，可以推导出电路中的一条核心定律——欧姆定律：

$$I = \frac{U}{R}$$

其中，I 是流经电路的电流，U 是电路两端的电压，R 是电路的总电阻。电压、电阻的定义以及欧姆定律的推导过程请参考附录。

我们可以用水流类比电流，帮助理解欧姆定律。想象有一个水泵，它以恒定的力（而不是速度）向外泵水，水流经过一个封闭的通道循环往复流动。水流的速度是由水泵的力和管道的阻力综合决定的。水泵力相当于电压，水流速度相当于电流，管道阻力相当于电阻。管道越粗，横截面积越大，水越容易通过，管道阻力越小，水流越大。管道越长，水流经历的阻碍越多，管道阻力越大，水流越小。

我们还可以进一步计算电阻的能量损耗功率（推导过程请参考附录）：

$$P = I^2 R$$

---

① 注意，电子在金属中随机碰撞的平均速度远远高于宏观流动平均速度。

这些能量去哪了？注意，电子经历了这段导线后，尽管每时每刻都受到电场的加速，但它的平均动能没有变，所以这些功没有变为自由电子本身的动能。电子从电场获得的动能，都通过和原子的碰撞转移给了原子。因此，这些功都变成原子平均动能的增量，也就是变为导线的热能，耗散出去了。注意，这部分能量是被浪费了的，除了生热，没有产生实际的用途。对一个电路来说，电源提供的能量，一部分用作维持电器（灯泡、扬声器、电动机等）的正常工作，剩下的就是这部分不可避免的耗散。对一个比较复杂的电路，各部分的电压和电流不尽相同，所以我们应该用上述公式分别计算电路每一部分的功率，然后相加得到整个电路的总功率。和卡诺热机的做法类似，我们可以定义电路的能量使用效率为有用功率和总功率的比值。从节省能源的角度出发，我们应该尽量减少电阻上的热损耗，尽量提高电路的能量使用效率。

"短路"是我们常听到的概念。欧姆定律告诉我们，如果在恒定电压下接入一段极低电阻（比如电线），那么在连接的瞬间会产生巨大电流，可能烧毁电源或者产生大量热，甚至引发火灾；如果人接触短路电路还可能触电。短路非常危险，在自己搭建复杂电路时，一定要注意避免短路现象。家用电路由统一的电闸控制家庭各部位的电源开关，电闸附近通常有保险丝，用熔点较低的材料做成一小段电阻接入电源。一旦电流超过阈值，保险丝首先会熔断，切断整个电路，避免短路造成的进一步破坏。

电学就暂时介绍到这里。第 16 章介绍磁力，以及电和磁之间的紧密联系。

电和磁

就种类而言，自然界中的磁现象比电现象单一，基本表现在自然磁铁（包括指南针）之间的吸引和排斥，以及磁铁对部分金属的吸引。但是，和电现象相比，磁现象更稳定。一根磁针可以稳定地指向南方，两块磁石也可以稳定地吸引或排斥。相比之下，由于正负电荷容易中和，因此电现象往往转瞬即逝。比如两个物体摩擦生电，异性相吸，一旦接触，就中和了，吸引力也随之消失。稳定性是人们区分这两类现象的重要依据。

一旦人类理解了磁现象的本质，尤其是电和磁之间的紧密联系，便释放了磁的巨大潜能。由于稳定性高且成本低，磁性材料成为人类进入电气时代以来的首批存储媒介：从老式的卡式磁带、黑胶唱片、录像带、磁盘，到今天依然被广泛使用的机械硬盘。磁铁还被用于机械信号（比如空气振动）和电信号之间的互相转换——电话、扬声器、耳机都是基于这个原理。依赖于磁存储技术，人类可以将声音、图像等一手感官信息原汁原味地保留下来。此外，还有核磁共振仪、磁悬浮列车、质谱仪、粒子加速器等专业工具，它们都基于人类对磁性质的巧妙驾驭。

磁有哪些性质呢？磁和电有些相似，它也有两极（一般称为南北极，而不是正负极），并且也是同性相斥、异性相吸。但和电有非常显著的区别，磁的两极总是成对出现的，不存在只有南极或只有北极的磁铁（我们称之为"磁单极"）。如果你把一块条形磁铁切成两半，那么被切开的界面会自动变成和另一端相反的磁极。从目前人们对磁性来源的理解和已经被验证的理论来看，磁单极是不存在于基本粒子中的。但是，当今的基础理论给磁单极预留了位子。也就是说，如果发现了磁单极，并不能推翻当今的理论体系。

　　我们常说磁铁会吸引金属，但你或许已经注意到，不是所有金属都会被磁铁吸引。事实上，在室温下，能被磁铁吸引的物质只有铁、钴、镍、钆（一种非常罕见的稀土元素），以及它们的合金。并且，只有这些物质才可能被磁化，成为永磁体。我之所以强调"室温下"，是因为磁性会随温度变化而形成或消失。如果加热磁铁到一定温度，那么它的磁性会消失。这个临界温度称为该材料的"居里温度"。

　　如何让一块没有磁性的金属变成永磁体？把一块没有磁性的铁块 A 暴露在一块有磁性的铁块 B 附近，此时 B 激发的磁场会让 A 产生磁性。如果我们可以控制磁场的强度（比如控制 A 和 B 之间的距离），从零开始逐渐增大磁场的强度，然后又逐渐减小到零，那么 A 内部的磁场强度也会相应地逐渐增大然后减小。然而神奇的是，这个过程不是完全可逆的。当外部磁场减小到零时，A 的磁性没有完全消失，而是剩余了一部分——此时 A 就变成了永磁体。这种现象称为"磁滞现象"。注意，这种不可逆的现象不会在静电中发生：如果我们把一个带正电的物体靠近电中性的金属，金属内的电荷分布会发生变化，产生第 15 章提到的电偶极矩。但是，只要我们把正电物体移走，电偶极矩就会立刻消失，中性金属回到原先各处都是电中性的状态。磁性金属的这种路径依赖特征非常独特。它和磁性的微观机制有关。

　　解释以上性质，需要了解磁性的来源。在此之前，我们先聊聊电和磁之间的关系。

　　现在，我们正式了解"电场"和"磁场"这两个概念。在第 5 章中，我们探讨了什么是力。通过朴素的日常经验，我们获得这样的印象：力总是通过直接接触产生。但是，牛顿的万有引力定律告诉我们，力完全可以以超越空间的形式直接作用到物体之上。地球对苹果的吸引，并不只发生在苹果接触大地时。进而，人们发现了和引力结构类似的静电力、磁力，以及亚原子力等。随着人们对微观规律的探索，人们认为"接触"其实是很粗糙的宏观印象。在微观层面，基本粒子是没有结构的（不然它们就不够基本），只是几何上的点而已，它们之间的相互作用就像引力和库仑力那样都是超越空间的。既然基本粒子没有结构，那么由它们产生的复杂粒子（原子、分子、大分子等），其内部除了构成它们的点状基本粒子，都是"空"的。从复杂粒子到宏观物体的"结构"，其实都是粒子间的相互作用力产生的综合效果。

因此，探讨基本作用力时，我们脑中的图像应该是像遥控器那样超越空间实现远程操控，而不是像挤地铁那样紧密推搡。但这带来一个问题：没有接触，我们怎么知道究竟是谁在操控我们呢？苹果向地面落下，受到的引力究竟来自地球、太阳、月亮、火星，还是远在银河系另一端的某个星球？

答案是：它们都是引力来源。任何一个物体都受到宇宙中所有其他物体的影响。但是，万有引力公式告诉我们，质量足够大且距离足够近的那一个或几个星球，主导了对苹果的作用力。这符合第5章提出的局域性假设：我们只需要关心来自附近物体的作用力，忽略无比遥远的物体的影响。

万有引力公式告诉我们，引力大小和每个物体的质量都成正比。一个质量为 2 千克的物体，在同一个位置受到来自地球的万有引力是一个质量为 1 千克的物体的两倍。这给我们带来另一个印象：即使这里没有物体，这个空间位置依然存在一种让物体获得引力的**属性**。只要了解了这种属性，并且把一个物体放到这里，我们就可以结合物体的质量知道它受到的引力大小。

这对于库仑力也是适用的，只不过质量换成了电量。两个互相排斥的正电荷，A 的电量是 q_A，B 的电量是 q_B，它们之间的排斥力是：

$$F_{AB} = k\frac{q_A q_B}{r^2}$$

如果在同一个位置，用另一个电量为 q_C 的正电荷取代 B，那么它受到的力是：

$$F_{AC} = k\frac{q_A q_C}{r^2}$$

也就是说，电荷 A 的存在让这个**位置**产生了一个空间**属性**。如果我们把这个属性用一个新的量来描述：

$$E = k\frac{q_A}{r^2}$$

那么 B 和 C 受到的库仑力可以分别被写作：

$$F_{AB} = Eq_B$$
$$F_{AC} = Eq_C$$

换句话说，想知道 B 和 C 受到的库仑力，并不需要关心产生这个库仑力的电荷 A 在哪里、电量是多少，甚至可以不止一个电荷在起作用。我们只要知道这个空间的 E 值是多少就行了。这个 E 值表示的空间属性被称为该空间点的"电场"。

以 A 的视角来看，它的存在为这个位置激发了一个电场。事实上，由于任意位置的电荷都会和 A 产生库仑力，因此 A 激发的电场是全空间的。

于是，我们在概念上区分了对力的**描述**和产生力的**原因**。我们只要知道一个空间位置的电场，就可以计算出该点的库仑力——这是对力的描述。至于这个电场是如何产生的，有多少个电荷做了贡献，它们在哪里，这些都是产生力的原因。不论产生电场的原因如何，只要它们产生的 E 值相同，那么位于此处的电荷感受到的力就相同。不仅静电力，万有引力和磁力都可以用场的语言来改写，相应地也就有了引力场和磁场。

从这个角度来看，场本质上是一个辅助概念。即使不引入场，不将库仑力改写成两步，库仑定律也并没有发生本质变化。第 5 章讲过，力也可以被视为描述物体运动状态变化的辅助概念。但是，物理学发展的过程，就是将抽象概念实体化的过程。随着人们对物理规律的理解进一步深入，人们对什么是"实体"的认知也在不断演进。当一个概念（比如力或场）在物理理论中已经成为基础概念时，如果抹去它，理论会变得无比烦琐和累赘，此时它在物理学家看来就是**实体**。近代物理学的发展，伴随的是场的地位不断提升。它从一种辅助手段变为和粒子一样基本的实体，成为基本粒子大家庭中的成员。请想象这个虚构场景：如果世界上只存在一个带电粒子，没有其他带电粒子与它产生静电作用，那么电场还存在吗？如果你认同电场依然存在，那么说明你已经将场的概念实体化了。

我们可以画一些有方向的线条来呈现电荷激发的场的形状（见图 16-1）。线条的方向代表如果在这里放一个正电荷，它会受到的库仑力的方向（负电荷则相反）；线条的疏密代表力的大小。在图 16-1 中，左图分别代表了正电荷与负电荷各自激发的电场，右图代表了两个电荷共同激发的空间电场。

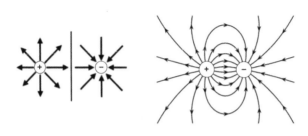

图 16-1　电场

磁场也类似，区别在于我们用小磁针而不是单个正电荷来描述磁场的方向。图 16-2 展示的是一块条形磁铁在它的附近激发的磁场。小磁针的南极指向磁铁的北极（这个方向被规定为磁场线的方向），小磁针的北极指向磁铁的南极。

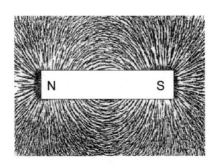

图 16-2　磁场

电与磁的密切联系是在 19 世纪被逐步发现的。丹麦物理学家汉斯·克里斯蒂安·奥斯特（Hans Christian Ørsted）在 1820 年发现，电流会导致附近的磁针转动。法国物理学家安德烈 - 马里·安培（André-Marie Ampère）敏锐地意识到这个发现的重要意义，进一步归纳出感应磁场强度和方向与电流的关系，并且巧妙地利用这个性质设计出不需要破坏电路的检流计。不仅如此，安培还发现电流产生的磁场会对附近的另一段电流产生作用力（两条平行电流相互吸引，逆向电流相互排斥）。安培对于电流之间相互作用力的研究，为运动电荷的研究拉开了序幕。电荷之间的作用力，在静止时由库仑定律主导，称为"电静力学"；在运动时由安培定律主导，称为"电动力学"。电荷之间的作用力不仅取决于电荷大小、距离，还和每个电荷的运动速度有关，而这种性质又和磁有着千丝万缕的联系。

尽管当时没有被明确指出，但安培的两个发现之间由一个重要的性质联结，那就是磁场对运动电荷的作用力。这个力称为"洛伦兹力"，直到 1892 年才被荷兰物理学家亨德里克·安东·洛伦兹（Hendrik Antoon Lorentz）明确表达出来：带电粒子受到来自磁场的力和电荷、磁场强度与运动速度分别成正比，此外还和后两者方向夹角有关。洛伦兹力的方向非常奇特，它既不沿着磁场方向，也不沿着速度方向，而是沿着一个与磁场和速度都垂直的方向。判断这个方向，可以借助"右手定则"（见图 16-3）：将大拇指、食指、中指如图张开，食指指向速度方向，中指指向磁场方向，大拇指指向的就是洛伦兹力的方向。负电荷受到的力与此相反。如果速度方向和磁场方向一致或完全相反，则洛伦兹力为零。

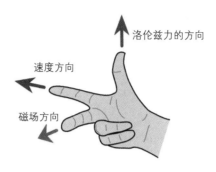

图 16-3　右手定则

　　这个性质带来一项对人类文明影响深远的发明：电动机，或者更抽象地说，让电能转换为机械能的技术。我们知道电流其实是自由电子在电路中的流动（注意电子带负电荷）。如果把导线放到一个与电流方向垂直的磁场中，这些运动的电荷在洛伦兹力的作用下就会推动导线往横向移动，产生机械能（见图 16-4）。

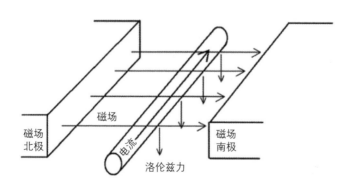

图 16-4　导线所受的洛伦兹力

　　电动机由两部分构成（见图 16-5）：中心可以自由旋转的线圈，和外围的永磁体。接通电源后，电流会通过线圈。两块永磁体在线圈区域产生磁场，电流经过磁力线时会产生洛伦兹力，进而形成旋转力矩。在电动机内部，线圈两端并未固定在电源正负极上，否则线圈就无法自由旋转。旋转半圈后，连接电源正负极的线圈两端互换，线圈内电流反向，而此时从线圈的角度看，磁场也转向180度（因为线圈转了半圈），两者的综合效果就是半段线圈依然受到向下的力，从而让线圈沿同一方向继续旋转。通过在电动机轴心上固定齿轮，就可以带动机械运动——这就是电能转换为机械能的过程。

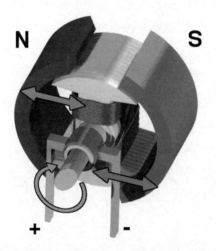

图 16-5　电动机（本图在 CC BY-SA 3.0 许可证下使用）

通过构建场的概念，我们将力的规律分为"产生场的原因"和"场的效果"两部分。注意，这两部分是对称的，因为带电物体和带磁物体本身既是在场的作用下受力的物体，也是产生场的原因。力是相互的。既然运动电荷会激发磁场，那么磁场是否可能反过来激发新的电场，反作用于电荷？英格兰物理学家法拉第在 1831 年发现，磁场的变化会在附近的电路中激发短暂的电流；而当磁场随时间不断变化时，就会激发稳定的感应电流。随后，电磁理论的集大成者、苏格兰物理学家麦克斯韦推广了安培的理论，发现不仅是电流，随时间变化的电场也会激发磁场。这几项发现从各个角度揭示了电和磁的深刻关联和奇妙对称，进而引导人们相信：电和磁本质上是一回事。

安培发现，电流周围可以产生磁场。如果是直线电流，那么产生的磁场是以电流为轴心的同心圆柱体，离电流越近磁场越强；如果是环形电流，那么可以想象为直线电流绕成一圈，磁场形状相应扭曲，在电流中心区域产生近似均匀的磁场（见图 16-6）。两者都可以用另一种右手定则来描述。对直线电流来说，握住右手四指，竖起拇指，拇指指向电流方向（仿佛握着导线），四指指向的是圆形的磁场方向。对环形电流来说，四指指向电流方向，拇指指向的是轴心磁场方向。

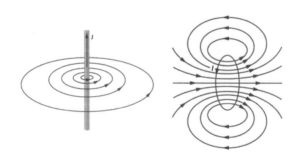

图 16-6　电流激发的磁场

多绕几圈线圈，紧密叠放，线圈轴心就产生了非常均匀的磁场（见图 16-7）。观察线圈四周的磁场形状，它和条形永磁体周围的磁场非常相似，因此通电线圈又称为电磁铁。电磁铁相比自然磁铁有很多优势，比如可以通过调整电流大小来控制磁场强度，其磁性更稳定（不像自然磁铁那样，磁性会在高温下消失），且制作过程较为简单（只需要一块干电池和一根导线即可）。

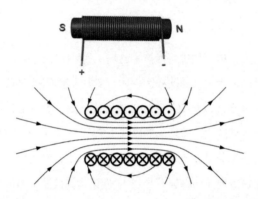

图 16-7　电磁铁（本图在 CC BY-SA 4.0 许可证下使用）

　　电磁铁的应用非常广泛。除了可以替代自然磁铁产生磁场外，还有很多巧妙的设计，比如电铃。在图 16-8 所示的电路图中，在开关打开状态下，接触片是合上的。一旦开关关闭，电路形成回路，电流流通，经过电磁铁产生磁场。磁场会吸引上方连接弹簧的金属，金属下压时带动锤敲响锣。金属片下压的同时接触片断开，电流中断，电磁铁的磁性消失。由于弹簧作用，金属片又向上弹回去，接触片再次闭合，电流流通，进入第二次循环，再次敲响锣……如此往复，直至开关关闭。这个周期非常短，于是我们能听到频率非常高的铃声。

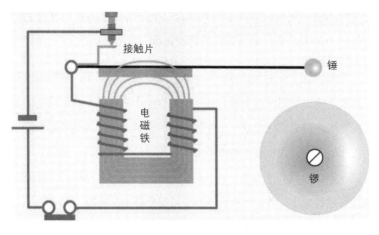

图 16-8　电铃

　　洛伦兹力只对运动的电荷起作用，并且其大小与电荷的速度成正比，这是一种非常独特的性质。想象你坐在匀速前进的高铁上，手里拿着一个仪器，里边放着一个带有正电荷的物体，仪器可以测量物体获得的力。假设高铁行驶在一片巨大的磁场中，磁场方向垂直向下。在地面上的人看来，仪器中的物体有电荷、有速度，应该获得沿水平方向的洛伦兹力。但是，在坐在高铁上的你看来，这个物体是静止的，不受洛伦兹力。物理理论必须满足一个非常重要的性质，称为惯性协变性，其大致意思是：两个相对做匀速直线运动的参考系，其中的观察者观察到的物理理论应该是一样的。一个观察者无法通过观察参考系内的物理规律判断他 / 她所在的参考系是静止的还是运动的。这个性质是狭义相对论的基础，下册会详细解释。在这个例子中，假设高铁是完全封闭的，车里的你无法观察到车外的景象，只能观察车内的物理规律。由于协变性，你应该无法判断高铁是静止的还是运动的。但这个例子显然违背了协变性，因为你可以通过观察仪器读数来判断自己处于哪个参考系，甚至通过洛伦兹力的大小来计算出高铁的行驶速度。

要解决这个悖论，只有一条出路，那就是从场下手。在地面上的人看来，整个空间没有电场，有一个垂直向下的磁场。在运动中的参考系看来，这个磁场变成了电场和磁场的叠加。额外的电场给予静止电荷的静电力，大小必须和地面上计算的洛伦兹力相同。因此，电场和磁场不仅可以相互转换，而且它们本质上是同一个场的不同体现。随着参考系变化，磁场的部分和电场的部分会相互转换。

更进一步，我们可以通过狭义相对论来严格论证这种变换关系。根据库仑定律，电场是由电荷分布产生的；根据安培定律，磁场是由电流分布产生的。注意，电流无非是运动中的电荷。因此，在一个参考系中静止的电荷，在另一个参考系中就成了电流，那么电场和磁场在不同参考系中相互转换，就很合理了。利用狭义相对论可以精确地计算这种变换关系，并且证明力在两个参考系中确实相同①。证明过程超出了本书的范围，略去不讲。电磁学理论本身是导出狭义相对论的核心理论，爱因斯坦发表的第一篇狭义相对论论文，题目就是《论动体的电动力学》。正如第 15 章开头所说，电磁学在物理学中起承前启后的作用。

下面，我想借一段电磁学理论的历史聊聊物理理论中的"脚手架"现象。很多令人叹为观止甚至不可思议的建筑，如果人们可以看到脚手架拆除前的样子，就可以理解它们是如何建成的。物理理论也是如此。忽略历史的物理学教科书，就像拆掉了脚手架的

---

① 其实差一个相对论因子。低速环境下，这个因子接近于 1，可以忽略不计。

建筑，呈现给学生的是缜密、自然、精心打磨后显得大巧不工的杰作。但是，像麦克斯韦方程组、相对论和量子力学这样划时代的理论，和之前的理论跳跃太大，如果不了解理论的发展历史，会以为这些是横空出世的神迹。因此，从历史中还原理论搭建过程的"脚手架"，对我们理解理论是非常有益的。

麦克斯韦最初研究法拉第的电磁学理论时，非常着迷于他的"力线"概念。但是，这同时给他理解电磁现象带来了障碍——"力线"是一种抽象的表述，一种虚无缥缈的模型，法拉第没有为它下严格的数学定义，更不要说用方程来描述它。为了理解"力线"，麦克斯韦将它类比于不可压缩的流体。然后，他用了一系列流体中常用的概念，包括"梯度""散度""旋度"，来描述"力线"在全空间的分布和性质。基于这个类比，借助当时已经比较成熟的流体力学，麦克斯韦将当时已经发现的电场和磁场的关系用微分和积分方程组表达了出来。在今天看来，整合电磁学理论的工作已经完成了。但是，麦克斯韦始终无法跳出流体的比喻，他希望为这些方程寻找一套流体的应力模型（见图 16-9）。他设想存在一种布满全空间的介质，磁场的旋转特性来自大量旋转的涡管，而涡管之间的缝隙由惰轮衔接，避免相邻涡管之间摩擦产生能量损耗。整个介质体就像一台由无数齿轮构成的精密机械一样有条不紊地运转着，电场和磁场就是这些旋转呈现的效果。一旦某个区域的电流发生变化，就会牵一发而动全身，影响它周围的涡管和惰轮，触发连锁反应，将场的变化传播出去。为了解释绝缘体存储电能的能力，他还设想构成惰轮的带电粒子在电场影响下可以偏离它的平衡位置，进而产生一种叫作"位移电流"的效果，这和真实电流一样会激发磁场。因此，即使没有真实电流，随时间变化的磁场也会激发感应电场，产生位移电流，进而激发新的磁场，形成横波，在介质中扩散。麦克斯韦大胆地提出，光就是这种介质中的电磁横波，并且由方程组推算的传播速度与实际测量的光速非常接近。当时，人们认为光是在一种称为"以太"的介质中传播的，那么这套传递电磁力的惰轮系统，自然就是以太本身。

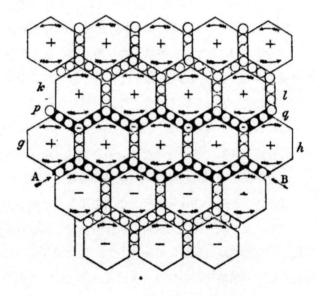

图 16-9　麦克斯韦的应力模型

但是，这一套力学模型充满了太多晦涩冗杂的假设。涡管和惰轮的区分太不自然，人们也不知道以太究竟是什么物质和结构。当时的主流物理学家，包括麦克斯韦本人，都为这样一个成功的理论基于这样一套粗糙的假设而感到尴尬。几年后，麦克斯韦终于拆除了流体模型的"脚手架"，电磁场直接以"空间中的场"的形象示于众人——这就是我们今天熟悉的麦克斯韦方程组。

回到那个年代，我们尝试理解麦克斯韦对力学模型的依赖与放弃它所需要的勇气。那是一个被粒子宇宙图景和机械宇宙图景统治的时代，人们认为物体之间的作用依靠朴素的粒子相互接触产生（或许引力是一个例外，牛顿本人对此也非常困惑），电磁力一定是某种机械结构的次生效果。"场"的地位是描述性、辅助性的，寻找背后的力学结构是核心问题。拆除"脚手架"的那一刻，麦克斯韦决心将"场"置于电磁学理论的核心，流体模型是不必要的，力的效果是次生的。这个尝试在当时是非常冒险的，需要等待下一代物理学家（赫兹、洛伦兹、爱因斯坦等）继承这个先锋的观念，将其发扬光大。我认为，麦克斯韦之后，"场"和"波"的实体化是物理中"实体"概念的一次信仰飞跃，它挑战了牛顿力学的粒子叙述霸权——基础物理不再完全以粒子的运动为核心，"场"和"波"具有同等重要的基础地位。虽然这样看有点儿历史决定论的意味，但是对"场"和"波"的熟悉，在几个关键节点上推动了未来量子力学的发展。

但是，拆除"脚手架"并没有停止人们对电磁学理论更深层机制的追问。麦克斯韦方程组非常简洁优雅，但它为什么是这个样子的呢？它可以是别的样子吗？这些问题在狭义相对论中得到了一种"合理化"——电场和磁场其实是某种符合狭义协变性的二阶张量的不同分量，也就是说，它们其实是同一个物理量的不同分量。协变性要求电场和磁场必须满足这些方程。之后，电磁学理论进一步被写作一种规范场论，并在量子力学里被诠释为带电粒子波函数的局域相位对称性。此时，麦克斯韦方程组已成为一种自然甚至必然的推论。我认为，在规范场论出现后，"对称性"获得核心地位，成为"实体"概念的又一次信仰飞跃。

本章最后，我们介绍磁性的来源，并解释本章开头介绍的自然磁体的各种性质。

首先回顾玻尔原子模型。原子的电子轨道是离散分布的，每一层轨道都有特定的半径和能量。每层轨道上允许存在的状态数是有限的。根据泡利不相容原理，每个状态只能存在一个电子，每个原子的电子从最低能级开始逐个往外排布，直到每个电子都找到自己的位置。不同位置的电子在同一层轨道上的能量不完全相同，这导致能级细分。这种细分在高能级轨道上变得复杂，在 3 级以上甚至会出现能级交错的情况，即 4 级的最低能级比 3 级的最高能级更低，于是出现 3 级尚未排满，就开始排 4 级的情况。级别越高，这种交错越显著、越复杂。这种能级细分形成了原子的"精细结构"，其主要来源有两个：一是相对论效应，与轨道角动量有关（需要相对论的知识，这里不讲）；二是轨道磁矩与电子自旋磁矩的耦合。

这里提到了两个新概念：轨道磁矩与电子自旋磁矩。电子围绕原子核旋转，构成环形电流（尽管只有一个电子）。根据安培定律，这会产生磁场，我们称之为"轨道磁矩"。此外，电子有一个内禀自由度，称为"自旋"。在量子理论中，它只有两种可能的值，分别为"向上"和"向下"。这些名称都有一定的误导性，它们似乎暗指电子具有某种空间旋转行为。然而，电子是基本粒子，它没有内部结构，自旋实际上是电子的内禀属性，在经典物理中没有与之对应的概念。之所以称之为自旋，是因为它对应电子自身的磁矩，电子在磁场中的表现就好像它是一个自己旋转的环形电流，因此得名。电子自旋有上下两个方向，对应的自旋磁矩也有上下两个方向。自旋磁矩和轨道磁矩的关系，就像两块磁铁，它们之间会互相吸引或排斥。不同轨道角动量和自旋的组合对应的是该能级下的不同状态，而两种磁矩的相互作用会让不同组合产生耦合，互相吸引的配对能量更低，更容易发生；互相排斥的配对能量更高——这就是能级细分的原因。

于是，电子在同一能级中会优先排布能级较低的轨道角动量与电子自旋配对，然后再排较高的。当电子数量在排完低能配对后刚好用完时，由于所有在低能级上的电子指向同一个磁矩方向，因此这个原子就呈现出整体的磁矩。需要提醒一点：原子核本身也有磁矩，但相比电子轨道和自旋的贡献来说小得多，可以忽略不计。因此，材料具有磁性的首要条件是其原子序数（原子序数等于每个原子中的电子数）。这些电子在填满某些特定能级后恰好用尽。

原子本身拥有磁矩，这是材料产生宏观磁性的必要条件之一。如果不同原子的磁矩指向是随机的，那么整体效果互相抵消，不会产生宏观磁性。两个相邻原子的外层电子（贡献原子磁矩的电子）之间会产生相互作用。当这两个原子的外层电子状态相同时（也就是磁矩方向相同），由于泡利不相容原理，它们之间会产生一种排斥作用，这种作用让外层电子相互远离。由于同性相斥，这种排斥作用会降低两个原子之间的静电势能，总体能量更低，结构更稳定。泡利不相容原理和静电势能一起作用的效果，称为"交换作用"。在理想情况下，交换作用导致相邻原子的磁矩是趋于同向的。但这也有一个前提，那就是原子间距足够远，给外层电子充分的空间相互远离；如果原子间距很近，外层电子就被逼迫相互接近，而泡利不相容原理就会选择磁矩相反的状态，好让它们在同一空间共存。因此，材料产生宏观磁性的第二个条件来自金属的晶体结构，使得原子间距足够远。

　　同时满足这两个条件的材料已经很少了，但这还不够。符合上述条件的原子，可以在小范围内让原子磁矩指向同一方向，这种小范围称为"磁畴"（见图 16-10），相当于一个小磁铁。但是如果整个宏观物体的所有磁畴都保持同一指向，就好比把很多条形磁铁北极对北极、南极对南极地并排捆绑在一起。由于同性相斥，只要一松绑，它们就会散开。每个磁畴的北极去寻找另一个磁畴的南极，形成首尾相连的结构。因此，从宏观上看，各个磁畴的磁矩方向杂乱无章，整体没有体现出磁性。

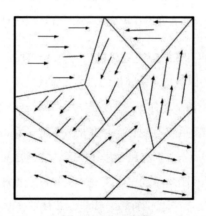

图 16-10　磁畴

　　一方面，磁畴指向不同方向，可以让整体能量降低。但另一方面，位于磁畴与磁畴边界的那些原子，它们的磁矩方向不同，这就导致这些原子能量较高（刚才说过，相邻原子磁矩同向的时候能量最低）。因此，磁畴区域的边界称为"磁畴墙"，其本身是携带能量的。于是，宏观物体内部的磁畴指向分布，受到两个相反因素的互相牵制：一方面是分割成尽量多的小磁畴，指向不同方向，减少宏观磁场；另一方面是减少磁畴边界数量，降低磁畴墙能量。当这两个因素达到平衡时，就形成了稳定的磁畴尺寸。磁畴尺度一般在微米级至毫米级。

注意，磁畴的形成是自发的，没有统一的"指挥官"协调每个磁畴的指向。每个区域的磁畴自发指向某个方向，然后和附近的磁畴抗衡，最后达到同一个能量最低的指向。这种抗衡只在磁畴尺度内有效，大于这个尺度就失灵了，无法继续统一，保持原样。

但是，倘若存在统一的"指挥官"，那么各个磁畴会倾向于指向同一方向。这个"指挥官"就是外部磁场（见图 16-11）。随着外部磁场加强，所有磁畴会统一指向外部磁场的方向，磁畴墙逐渐消解，从而产生宏观磁性。

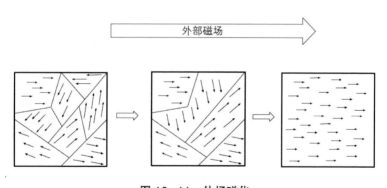

图 16-11 外场磁化

你可能会疑惑：当外部磁场被移除后，磁畴是否会恢复到原来各自为政的状态？这的确有可能。但请注意，磁畴墙已经消解，所有的磁畴已连成一片。要恢复到初始的磁畴分布，就意味着要从头开始构造磁畴墙。在每个区域中，只有在构造磁畴墙所需的能量低于打乱磁畴所节省的能量时，磁畴墙才会自发形成。否则，磁畴墙不会生成，此时物体将保持相对稳定的状态。这就是磁滞现象的产生原理。

如果给获得磁性的物体加热，那么原子的振动和电子的运动加剧，使得磁畴难以继续保持原有方向，随即变得杂乱无章，导致磁性减弱。当温度升高到一个临界值时，磁性彻底消失，这个温度就是居里温度。此时开始降温，物体又回归从零开始生成磁畴的过程。磁畴墙再次自发形成，当温度回归初始值时，物体内部再次形成微米到毫米尺度的磁畴，指向杂乱无章，磁性消失，这就是加热消磁的原理。

下面聊聊地球磁场。有人会困惑于地磁场的南北极和地理南北极相反，其实磁场的南北极定义，最初来自指南针的指向。当时人们把指向地理北极的磁针一端定义为磁极的北极，那么吸引它的自然就是地磁场的南极，所以地磁场的南北极自然就与地理南北极相反。实际上地磁场北极和地理南极并不完全重合，现在相差约 11 度夹角（这个夹角在缓慢地变化）。此外地磁南北极以 10 万年至 5000 万年不等的周期发生南北逆转，最近一次逆转发生在 78 万年前，花了数千年完成。

目前公认地磁场的形成原因是外地核液态铁合金对流，产生电流，形成电磁铁。人们对这种对流的了解渠道非常有限，除了探测近代的磁场分布和变化，还可以探测地壳矿物的磁化现象，推测历史上发生的漂移和逆转。地磁场非常弱，比冰箱贴的磁场小两个数量级。有些动物（比如信鸽）拥有感知磁场的能力，可以用地磁场来导向。

第17章

光

引力、库仑力、洛伦兹力都是点粒子之间不需要通过"接触"、超越空间直接传播的力。这里有一个问题：这些力是不是**瞬间**传播的？万有引力公式并不能回答这个问题。它只能回答：如果太空中有两个邻近的星体，那么它们之间的引力大小是多少？它不能回答：如果真空中原本有一个星体 A，在它的附近突然凭空冒出另一个星体 B，那么 A 会立刻感受到来自 B 的引力吗？还是需要等一段时间？如果是后者，那么引力的传播速度是多少？

通过观察天文现象很难回答以上问题。但是我们可以设计实验来判断电磁力的传播究竟是超距作用①，还是近距作用②。我们不能让一个电荷凭空产生或消失，但我们可以扰动一个电荷，然后观察另一个电荷在多久后会感受到力的扰动。

在做实验之前，我们可以以第 16 章的电磁学理论为基础，做一个思想实验，想象在电荷 A 产生扰动和它附近的电荷 B 感受到扰动之间，发生了什么。静止的电荷 A 在其周围激发一个静态的电场。当 A 被扰动时，这个电场也会随着 A 移动。移动的电荷相当于电流，通过安培定律得知它会激发磁场。同时，麦克斯韦定律又告诉我们，随时间变化的电场也会激发磁场。磁场从无到有，其本身是一个随时间变化的场，法拉第定律又告诉我们，随时间变化的磁场会激发电场。然后变化的电场继续激发新的磁场……如此往复，无穷无尽。注意，这个过程不是局限在一个狭小的空间中的。从 A 的扰动开始，到发生一系列电场和磁场互相激发的连锁反应，都是以 A 为中心逐渐向四周扩散开的。它就像一个波一样，向外

---

① 瞬间传播，不需要时间。

② 力以有限速度传播。

传递。当这个波传递到电荷 B 时，B 感受到的场从原先静止的电场变成扰动的电场和磁场叠加。因此，电荷之间的作用力是以电磁波为媒介的近距作用。

你或许会质疑：凭什么说电场和磁场的变化是以 A 为中心向四周散开的？为什么不是**全空间**的磁场同时从零开始激发，进而引发电磁场同时在全空间振荡？如此，B 受到的力就是瞬时的。要回答这些问题，就要仔细考察电磁场相互转换的数学关系。麦克斯韦在 20 世纪 60 年代整合了所有电和磁之间的变换关系，整理成著名的麦克斯韦方程组。通过解这组方程，他发现扰动 A 所激发的电磁场连锁反应，确实是以波的形式传播的。他推导并计算出电磁波的传播速度，也就是电磁力的传播速度，并惊讶地发现，这个速度和光速相近。于是他提出一个大胆的想法：光其实就是一种电磁波。第 4 章介绍过，光拥有世界上最快的运动速度，真空中的光速高达每秒 3 亿米。

关于光的本性的探讨，可以追溯到古希腊时期。一方面，从反射现象和折射现象出发，光被当作几何学研究对象；另一方面，日光经常伴随彩虹现象，而且特定颜色的物体在不同光照环境下会呈现不同的色彩，因此光学理论与颜色理论密不可分。亚里士多德将日光视作纯白光，认为它穿越介质时与介质发生反应，因反应强弱不同而变成红、绿、紫等不同颜色的光，它们互相混合后形成其他颜色。在亚里士多德的权威下，"白光变质"理论统领了将近两千年，直到牛顿提出复合光粒子理论。在粒子宇宙图景中，牛顿将光视作微粒，认为不同颜色的光是不同种类的微粒，它们同时进入人眼时呈现为白色。作为混合粒子束的白光经过三棱镜，不同微粒对玻璃的折射率不同，偏折角度不同，就形成了色散。

这种粒子成分理论很好地解释了混合光与单色光的区别。比如，将分解后的光滤掉大部分，只保留黄光，这束黄光无论经历多少次三棱镜，都不会再次出现色散现象。如果将光视作一排排齐头并进的粒子阵列，那么光的反射现象也很好理解。但是，用粒子模型解释折射现象就相当牵强。牛顿认为是不同密度的介质对光粒子的引力不同，导致每个粒子改变了原来的行进方向；而不同种类的光粒子所受到的引力又不相同，就产生了不同的折射率，即折射偏角。此外，粒子理论还有一个不太自然的设定：是什么特性确保了不同颜色的粒子具有相同的运动速度？牛顿对此没有解释。

针对这些疑问，同时期的荷兰物理学家克里斯蒂安·惠更斯（Christiaan Huygens）提出了不同的模型。他认为光其实是一种波，不同颜色对应不同的频率。人们当时已经非常了解声波的传播机制，知道其传播速度和频率无关，只和介质的力学性质（密度、弹性系数）有关①。对声波来说，不同频率的波对应不同音高，那么对光来说，不同频率的波是否对应不同颜色？这样一来，不同颜色的光在真空中的传播速度相同就不言自明。此外，折射现象也迎刃而解：当波以一定倾角进入另一种介质时，它的前沿会在不同时间抵达界面，然后在界面激发新的波，进入界面。如果波进入介质后速度改变，也就意味着波长改变，那么这些新波的前沿方向会相应改变，也就形成了折射（见图17-1）。如果不同频率的光波在介质中的速度不同，那么它们的折射率就不同，也就解释了色散现象。

---

① 声速公式恰恰是牛顿推导出的。

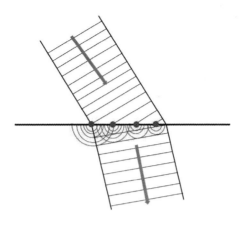

图 17-1　用波动理论解释折射现象

　　波动理论的这两个优点非常吸引人，但它也有难以服众之处：当时人们认为波都是依靠介质传播的，那么光波自然也不例外。然而不同于机械波和声波，光可以在宇宙中畅通无阻，也就意味着它可以在真空中传播。为了解决这个悖论，惠更斯只能提出一条额外的假设：真空不空，其中充满了某种使光得以传播的介质，称为"以太"①。新的问题又来了：光是纵波，还是横波？如果光是纵波，那么它就像声波那样推搡前进方向的以太粒子来传播；如果光是横波，那么以太就必须拥有密布的网状弹簧结构，而且这也意味着光不是纯粹的横波，而是横波与纵波的混合物（就像地震波那样）。当时的实验条件不足以判断；从理论简洁性出发，惠更斯倾向于认为光是纵波，这样以太的结构会简单一些。注意，这些推论都是从波的共性出发的，惠更斯并不知道究竟是什么在振动，以及这种振

① "以太"（aether）这个词最早是亚里士多德提出的。亚里士多德说它是构成天球的元素，区别于地面上的四种基本元素。惠更斯借用了这个词，并赋予了它新的意义。

动的东西是如何与以太粒子相互作用的。此外，牛顿对波动理论还有一个质疑：光没有呈现出波特有的干涉、衍射等现象。对此，惠更斯的回应是：光的波长很短，这些现象必须在非常小的尺度下呈现。

到此为止，粒子理论和波动理论各自在解释某些现象上非常擅长，但在另一些领域显得生硬晦涩。在判决实验出现之前，人们选择相信哪个理论，往往不是由纯粹的理性主导的，而取决于人们认为哪些问题更为核心，哪个理论更符合他们的哲学甚至美学原则；甚至，在整个科学共同体内，谁更有威望——在这点上，牛顿的优势不容置疑。重要的是，科学共同体不允许分歧观点长期共存，除非两个理论可以融合到同一个框架内，否则每个共同体的成员必须在粒子理论和波动理论中做出选择。我们无法回溯哪些因素主导了每个人的选择，事实是牛顿的粒子理论占了上风，统治了一百多年。

到19世纪初，事情出现了转机。随着实验技术的进步，人们终于有能力解决两个理论之间的分歧。英国科学家、医生托马斯·杨（Thomas Young）在1803年提出了一个实验，将一束极细的光分成两束，打在屏幕上后呈现出明暗相间的条纹——这是只有波才会呈现的干涉现象。根据条纹和仪器的尺寸，他还估算出了光的波长范围。另一个支持波动理论的现象是偏振现象。一百多年前惠更斯就发现，光在通过冰洲石晶体后会分裂成两条折射光，即"双折射"现象。法国物理学家艾蒂安·路易·马吕斯（Étienne Louis Malus）在1809年发现，如果不是纯白光，而是已经经历过反射或折射的光，再次经过冰洲石晶体时，形成的两个折射像的强度是不同的。他由此推断，光是一种横波，在垂直于传播方向的平面上有特定的振动方向（偏振方向）。在自然光中，所有偏振方向的光均匀地混杂着；但在反射、折射和双折射中，不同偏振方向的通过比例是不同的。偏振现象是横波特有的现象。至此，波动理论终于取代统治了一百多年的粒子理论，成为光的主流理论。

随着电磁学理论的发展，人们逐渐发现了光和电磁场的紧密联系。法拉第发现，当偏振光经过磁场时，它的偏振方向会发生旋转，称为"法拉第效应"。法拉第认为，光和电磁场有着紧密的联系，他甚至敏锐地猜测：光就是一种高频振荡的电磁场。

在麦克斯韦推导出电磁波的 20 多年后，德国物理学家海因里希·赫兹（Heinrich Hertz）通过实验验证了电磁波确实存在，其传播速度确实与光速相同，而且电磁波也能产生和光一样的现象，如反射、折射、干涉、衍射、偏振等。经过三位物理学家的接力，人们终于第一次认识了光的本质。

顺便提一下，引力的传播也是近距作用。引力是通过引力波传播的，其传播速度竟然等同于电磁波的传播速度，即光速！这个结论无法由牛顿引力公式得出，必须通过广义相对论来解释。

光是横波，这给以太模型带来了困难。之前说过，惠更斯倾向于认为光是纵波，因为如果光是横波，以太就必须是一种黏稠的物质。但这种"黏稠"的性质似乎只对光起作用，天体可以在这种物质中畅通无阻，这是非常匪夷所思的事。

以太模型与其说是力的"接触论"观点的幽灵，不如说是牛顿绝对时空观的必然推论。在静止的人看来，声波在空气中以大约每秒 340 米的速度传播。如果我跑向声源，那么我观察到的声速应该是每秒约 340 米加上我的跑步速度。之所以有这种差别，是因为在我看来，作为声音传播介质的空气不是静止的，而是迎着我吹来的。所以我们在计算波速时，必须加上介质相对参考系的运动速度。电磁波当然也不例外。如果我在相对以太静止的参考系中测量光速，那么得到的值应该等于麦克斯韦计算的结果。如果以太在我的参考系中运动，那么我测量到的光速应该是前者和以太速度的差。但是，如果电磁波不需要任何介质就可以在真空中传播，那么无论参考系以多大速度运动，测得的光速应该都是一样的！这严重违反了我们的直觉。沿着这个悖论，我们会得出一系列惊人的结论。事实上，正是这个悖论促使爱因斯坦提出了狭义相对论。我在这里卖个关子，把精彩的故事延后到下册的"狭义相对论"一章中展开。

结论是，电磁波确实不需要任何介质就可以在真空中传播，而以太并不存在。电磁波本质上是电磁场的振荡在空间中的蔓延。这个结论强化了场不仅仅是数学辅助手段，而且是物理实体的观念。在以太模型中，我们尚可以把电磁场看作描述"以太微粒互相推搡着传递电磁力"的一种辅助概念。一旦电磁波的传播不需要介质，那么只有当电磁场是实体时，这种描述才有意义。注意，这并不意味着电磁波只能在真空中传播。光可以透过水、玻璃，说明电磁波可以在这些介质中传播。电磁波在介质中的传播速度比在真空中慢。

在正式介绍光之前，我再介绍一个概念：法拉第笼。你可以做这样一个实验：把手机放进一个封闭的金属容器（比如铁皮零食罐头），然后尝试拨打手机，你会发现无法接通。手机信号在密闭金

属容器里消失了，或者说，金属容器**屏蔽**了电磁信号。一个封闭的
金属容器，它的外表面的电子会立刻对外部电磁场做出响应，重新
分布。这种分布会在容器内部产生新的电磁场，和外部电磁场互相
抵消，使容器内部的电磁场消失。

在图 17-2 中，金属容器外有一个水平向右的静电场，金属中
的电子会在电场作用下聚集在左边，相应地右边呈现出正电荷，产
生水平向左的静电场。对容器内表面的电子来说，这两个电场应该
是互相抵消的。如果内表面的电场小于外部电场，那么会有更多
自由电子（注意，有**足够多**的自由电子）受到向左的力，移动到左
边，加强向左的电场，直到两个电场达到平衡。麦克斯韦方程组有
个非常重要的推论：一旦一个封闭空间的边界（也就是金属容器的
内表面）电磁场为零，并且容器内部没有净电荷分布，那么空间中
的电磁场处处为零。

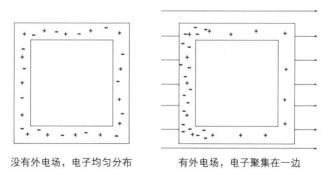

没有外电场，电子均匀分布　　　　有外电场，电子聚集在一边

图 17-2　法拉第笼

如果容器不是完全封闭的，就可能有一部分电磁场泄漏进容器
里，这和容器开口大小有关。实际上，一个用铁丝编制成的网状笼

子就足以有效地阻止电磁波穿透。

麦克斯韦发现光是一种电磁波，实际上可见光在电磁波中只占很小的比例。今天，人们将光的范围从可见光拓展到更广的范围，包括 X 射线、紫外线、红外线等。物理学家经常不加区别地把光等同于电磁波，本书也将如此。光在经典电磁场理论和量子理论中的表现大相径庭，我们将在本章中以经典理论为基础进行讨论，并在下册中进一步探讨其量子特性。

作为一种电磁波，光具有波的属性：波长、振幅、频率。光的振幅代表了电磁辐射的强度，确切地说是电磁场的强度。光速等于波长乘以频率，频率是周期的倒数。光速与波长、频率无关，由传播介质决定。因此，一旦频率确定了，波长也就确定了，反之亦然。假如光是由一个周期振动的电荷激发的，那么光的频率自然等于电荷振荡频率，波长就等于光速除以频率。在日常生活中，我们有时用波长来描述这组特征（比如可见光），有时用频率（比如无线电波）来描述，两种描述是等价的。

频率是区分不同种类的光的核心特征。物理学家关心的频率范围很广，从波长来看，长可到建筑尺度，短可到原子核尺度。图 17-3 展示了不同波长 / 频率对应的现象和应用，我将依次介绍。注意，这些人为划分是非常粗略的，没有严格的边界。

电磁波在实验室里被发现后没多久，就被用到了无线通信上。意大利工程师古列尔莫·马可尼（Guglielmo Marconi）得知赫兹的发现后，立刻意识到可以通过改变电磁波的频率与振幅达到跨空间传输信号的目的。当时，远距离传输信息最高效的格式是莫尔斯码，即将英文字母、数字和符号通过二进制编码转化为点（短脉冲）与杠（长脉冲）的组合，接收方则将其解码为文字——这就是电报的原理。马可尼用电磁波传输莫尔斯码，实现了无线电报。马可尼解决了一系列工程学难题，将赫兹的实验室环境拓展到跨大西洋传输无线信号，开启了人类无线通信的序幕。

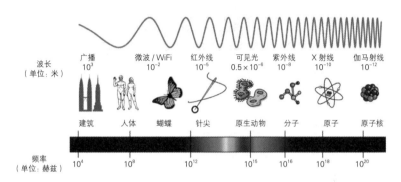

图 17-3　电磁波频谱（本图在 CC BY-SA 3.0 许可证下使用）

　　如今，我们不仅可以通过无线电传输电报，还可以通过它进行广播、无线电视、无线电话、无线数据传输、卫星导航、雷达定位等多种形式的通信。以广播电台为例，声音模拟信号（声波）转换为随时间变化的电流，通过天线向四周散发电磁波，附近的收音机捕获电磁信号，将信号转换为随时间变化的电流，再通过扬声器的振动变成声音。

　　声音是波，电磁波也是波，但是如果直接把声波转换为电磁波，会有很多问题。第 11 章讲过，人耳能分辨的声音频率范围是20 赫兹至 20 000 赫兹（1 赫兹是每秒一次振荡），而人声频率范围更窄，即 500 赫兹至 2000 赫兹。根据光速可以计算出这个频率区间对应的电磁波波长在 3000 千米左右。要激发某个波长的电磁波，天线的长度至少要达到波长的一半，即 1500 千米。地球半径才大约 6300 千米，1500 千米比北京到上海还远。就算真的实现等同于人声频率的电磁波，不同广播站同时发送的信号也会叠加在一起。接收者听到的是来自所有广播站的人声的混音，无法分解。

为解决以上问题，我们首先要将声波转换为频率更高（波长更短）的电磁信号。这个过程称为"调制"。调制主要有调幅和调频两种方式（见图 17-4）。调幅是指改变电信号的振幅，来模拟声音信号的波形。在波峰时，电信号振幅最强；在波谷时，电信号振幅最弱。不论声音信号的波形是什么样的，我们都可以用**单一**高频电信号来模拟。调幅的英语是 Amplitude Modulation，简写为 AM。与之相对的是调频，即 Frequency Modulation，简写为 FM：用一个小范围的频率（称为"频段"）而不是振幅来模拟声波振幅。声波在波峰时，频率最高；在波谷时，频率最低，同时振幅保持不变。收音机接收到这些信号后，根据不同的调制方式，反向还原成声波信号。

收音机怎么知道要用哪种方法解码信号呢？AM 和 FM 享有不同频段。按国际电信联盟的频段划分，在亚洲，（中波）AM 的频段在 526.5 千赫和 1606.5 千赫之间，FM 的频段在 88 兆赫和 108 兆赫①之间。在每个区间内，由国家统一划分频段，保证每个电台有其特定的频段，避免互相干扰。AM 是单频信号，频段较窄，频道间隔设置为 9 千赫；FM 使用一个频率区间，频段较宽，频道间隔设置为 100 千赫。调节收音机的频率旋钮，其实是调整一个谐振

① 1 兆赫 =1000 千赫

电路的谐振频率。当谐振频率与某个电台的频率一致时，这个频率
的电信号会通过共振放大，从电磁波的海洋中被挑选出来。AM 由
于使用单一频率，很容易受到其他信号的干扰；相比之下，FM 使
用一个频段，信号较稳定，因此音质更好。

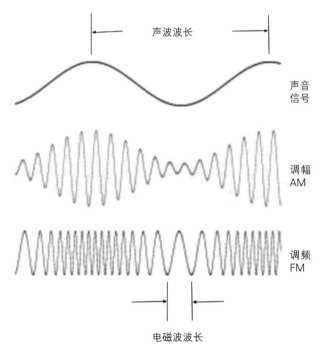

图 17-4　调幅和调频

　　除了将模拟信号直接转换为电信号外，我们还可以先将模拟
信号编码为由 0 和 1 构成的数字信号，再调制为高频电磁波进行传
输，接收者收到后再将其解码为模拟信号。相比模拟信号，数字信
号在传输过程中更不易受干扰，更保真。

比无线电频率更高的波段是微波，频率在 300 兆赫和 300 吉赫之间 ①。这个波段的电磁波主要用于雷达、微波炉、无线网络通信等。关于微波炉，坊间有很多谣言，比如微波炉工作时会产生致癌的电磁辐射，或微波炉加热过的食物会致癌等。了解了微波炉的工作原理，这些谣言就会不攻自破。

微波炉工作时会从内壁一侧发射电磁波，舱内充满电磁场，以 2.45 吉赫的频率振荡。这个频率的电磁波波长大约是 122 毫米。微波炉并不是像火那样通过热辐射均匀地传递热量，它加热的是物体中的一部分分子，然后这些分子再将热传导给其他分子。第 15 章介绍过电偶极矩的概念：如果一个分子的总电荷为零，但正负电荷分布不均，那么它就是一个极性分子，会随着电磁场一起振荡。水分子是最常见的极性分子，它由一个氧原子和两个氢原子构成，中间的氧原子偏正极，两边的氢原子偏负极（见图 17-5）。三个原子不在同一直线上，构成约 104.5 度的夹角，形成电偶极矩。由于水分子质量小，因此容易在电磁场中产生振动，从而产生大量热能。水分子加热后，会将热能传递给周围极性较弱的分子，直至达到热平衡态，从而使整个物体加热。

图 17-5　水分子结构

---

① 1 吉赫 = 1000 兆赫

因此，水分较多的物体更容易被微波炉加热。干湿不均的物体，刚从微波炉里拿出来时，湿的部分更热，需要一些时间达到热平衡态。只要没有出现温度过高的情况，用微波炉加热的过程就没有改变物质分子的结构，和其他加热方式没有本质区别，不会带来致癌风险。

众所周知，我们不能把金属器皿和锡纸放进微波炉。金属是导体，有大量自由电子。金属容器具有屏蔽效果，电磁波完全被金属表面吸收，无法进入内部，起不到加热食物的作用。同时，金属吸收电磁波后会迅速升温，如果有尖端形状还会产生高电压，释放电弧，可能击穿微波炉内壁，或者点燃熔点较低的材料而引发火灾。这样做非常危险，千万不要在家尝试！

谣言经常用"电磁辐射"来唬人。其实电磁辐射就是电磁波。我们每天暴露在大量电磁波之中：广播信号、手机信号、无线网络信号、遥控器信号、微波、阳光、灯光，等等。频率越低、波长越长的电磁波，越难和人体直接作用。只有在大功率的高频辐射（比如紫外线、X射线、伽马射线）下长时间暴露，人体才可能受到损伤。怎样的频率才算高？这涉及一些量子力学的知识，下册会详细介绍。量子力学认为，光不是连续的电磁波，而具有粒子性，是一份一份传播的，每一份称为一个光子。因此，无论光源的功率有多大，它都一个一个发射着光子。功率越大，光子密度越高，而不代表单个光子能量高。单个光子的能量由频率决定，频率越高，能量越高。当光子能量较低时，它最多让被照射到的分子发生振荡变热，不足以改变分子的结构，这些光称为"非电离辐射"。但是当光子能量高到可以将电子从原子或分子激发出来时（也就是"电离"），就对人体产生危险了，这些光称为"电离辐射"。两者的分界线在 10^{15} 赫兹至 10^{16} 赫兹，大约是偏短波的紫外线频率。因此，可见光最多会让人体升温，不会对皮肤产生损伤。从广播到微波信号，无论频率还是功率都很低，对人体几乎没有任何影响。

回到微波炉。我国规定，在微波炉工作时，关闭的门外 50 毫米处辐射功率不得超过每平方米 50 瓦，实际的泄漏值比这还低得多。这个功率是与距离成平方反比的，距离越远衰减越厉害。也就是说，基本上只要不是用脸贴着工作中的微波炉，在室内任何地方受到的辐射都可以忽略不计。每平方米 50 瓦是什么概念呢？阳光照射到地面的平均功率就有每平方米 1367 瓦。你在离微波炉门外一手掌远处站一小时，受到的辐射还不如在阳光下站一分钟。值得一提的是，无论是家用无线信号，还是手机信号，都是非电离辐射，功率也要比这个数低得多。因此，完全不用担心来自手机、计算机、基站等辐射源的危害。

下一个波段是红外线，其频率在 300 吉赫和 390 太赫①之间，对应的波长为 1 毫米至 770 纳米。红外线在日常生活中最常见的应用是遥控器。对准电视按下遥控器上的某一个键，遥控器的头部灯泡会发出恒定频率的红外线。电视上有一个面向观看者的接收器，在电视开启状态下循环往复地执行接收信号的指令。这个红外线的振幅不是恒定的，而是在两个特定的振幅之间以一个特定的模式交替。当接收器发现这个模式时，就接收到了这个信号。每个按键的模式都不同，接收器将信号与事先约定的模式对照匹配，就能判断

---

① 1 太赫 =1000 吉赫

按的是什么键。

红外线对研究分子的状态和特性也很有用。当分子的旋转和振动状态发生改变时，它会以电磁波的形式吸收或释放能量，这种电磁波通常会落在红外线波段。研究分子的吸收光谱和发射光谱，可以推断分子结构、能级、材料性质等。

地球之所以呈现出丰富的气候变化和生态系统，是因为太阳源源不断地辐射能量。太阳照射到地面的电磁波主要包括红外线、可见光和紫外线，其中红外线提供了约一半热能。

下一个波段就是我们最熟悉的可见光了。顾名思义，可见光是人眼能够识别的光，其波长在 390 纳米和 770 纳米之间（注意，从这里开始，我们将用真空中的波长来描述光，而不再用频率）。不同波长给人眼的直观体验是不同的颜色，从低频长波到高频短波的颜色依次为红、橙、黄、绿、青、蓝、紫，这也是为什么比红光频率更低的不可见光称为红外线，比紫光频率更高的不可见光称为紫外线。

为什么不同波长的光会呈现出不同颜色？这涉及人眼是如何区分不同波长的可见光的。如果用放大镜观察分辨率比较低的显示器，那么你可以看到一颗一颗像素（见图 17-6）。像素是指显示器用来显示颜色的最小光点。像素越高的显示器，每个像素越小，看上去更顺滑，没有颗粒感。

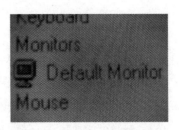

图 17-6　显示器的像素（本图在 CC BY-SA 3.0 许可证下使用）

　　彩色显示器的像素不是一个光点，而是由红、绿、蓝三个光点紧密排列在一起构成的。这种显色模型称为 RGB 模型，代表光的三原色：Red、Green、Blue（分别指红、绿、蓝，见图 17-7）。每个颜色的亮度都是可以调节的，从最小值 0 到最大值 255。如果三个值都是 0，那么这个像素不发光，就呈现黑色；如果三个值都是 255，则呈现白色。如果 B 是 255，G 和 R 各是 0，那么只有蓝光全开、红绿光关闭，则呈现蓝色。如果反过来，B 是 0，G 和 R 全开，则呈现黄色。因为它的数值组合和蓝色刚好相反，所以黄色称为蓝色的补色。图 17-7 展示了不同数值呈现的颜色及其与补色的对应关系。

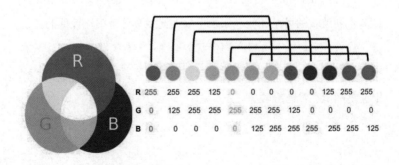

图 17-7　RGB 模型（见彩插，本图在 CC BY-SA 4.0 许可证下使用）

那么问题来了：在光谱上，红、绿、黄是三种波长不同的光，为什么红光和绿光加起来等于黄光？两个波长的光叠加会变成另一个波长的光吗？

回想一下我们对声音的讨论。两个不同音调的声音叠加在一起，会变成另一个音调的声音吗？不会，人可以分辨出和声里的不同音调。不同波长的波会在同一个时空中**共存**，但不会**融合**成另一种波——这是数学性质，不是物理性质。声波是这样，电磁波也是。因此，红绿混合的光，只是人眼**看上去**和黄光一模一样。人眼**无法区分**单一波长的黄光和红绿两个波长组合产生的黄光。

这是人眼的特点，而不是光的特点。

人眼的这种特点源自其感光原理，这与人耳的听觉原理不同。人眼靠视网膜上的两类细胞感受光，分别是视锥细胞（呈锥状）和视杆细胞（呈杆状）。前者在较亮的光下响应更强，后者对光的敏感程度比前者高 100 倍，擅长在很暗的环境下分辨光强。视锥细胞有三种，它们对不同波长的光的响应程度各不相同。相比之下，视杆细胞只有一种，只能分辨亮暗，无法分辨颜色。因此，人在黑暗环境下看到的都是灰蒙蒙的，只有在明亮环境下才能看到缤纷的色彩。

你或许会问：既然视杆细胞对长波和短波的响应程度存在差异，为什么不能分辨颜色？大脑为何不根据响应程度辨别颜色呢？假设 640 纳米的响应程度是 10，630 纳米的响应程度是 20，那么为什么大脑不将前者定义为"蓝色"，将后者定义为"红色"？响应程度不仅和波长有关，还和光强本身（亮度）有关。在上述假设下，视杆细胞对两份 640 纳米的光和一份 630 纳米的光的响应程度一样，都是 20，那么它就无法区分这是两份"蓝色"，还是一份"红色"。当我们只用一个数来标记光时，就只能产生一个维度的表达方式，也就是"灰度"，就像黑白电视呈现画面的方式一样。

视锥细胞则不同，因为存在三种类型，所以可以区分颜色。它们分别称为 S、M、L（短、中、长），各自在不同波段有不同的响应曲线。

图 17-8 展示了三种视锥细胞对不同波长的响应程度，纵坐标数值越大，表示视锥细胞对这个波长的光响应越强烈。S 视锥细胞对短波响应较好，峰值位于蓝紫色处。M 视锥细胞和 L 视锥细胞的峰值分别在青绿色处和黄绿色处。三条曲线的形状也不太相同，S 的响应曲线比 M、L 的更窄。注意，三者峰值和 RGB 不完全对应。显色模型不需要和视锥细胞的构成完全一致，只要能通过调整数值精确模拟各种颜色就行。对某个波长（比如 500 纳米）的光，画一条竖线，它和三条曲线相交的纵坐标值就是三种视锥细胞的响应程度，假设三个数分别是 a、b、c。波长为 500 纳米的光给大脑传递的信息不是 500 纳米本身，而是 a、b、c 这三个数。假如有两束不同波长的光，第一束光产生的响应数值是 a_1、b_1、c_1，第二束光产生的响应数值是 a_2、b_2、c_2。如果它们满足以下关系：

$$a_1 + a_2 = a$$
$$b_1 + b_2 = b$$
$$c_1 + c_2 = c$$

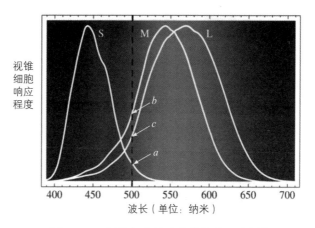

图 17-8 视锥细胞的响应曲线（见彩插）

那么，这两束光叠加起来传递给大脑的信息和波长为 500 纳米的光传递的信息是完全一样的！人眼无法分辨究竟是波长为 500 纳米的单色光，还是两束光的叠加。这正是单波长黄光和红绿混合光的关系。彩色显示器正是通过调整 RGB 三种光源的强度比例，来"欺骗"人眼，模拟各种颜色的。

视锥细胞的响应曲线是生物特征，存在个体差异。显示器的颜色校准工作是以大部分人的平均曲线为依据的。因此，可能出现这样的情况：显示器上的同一张照片，在一个人看来对景物颜色还原得非常好，而在另一个人看来有色差。即使将照片打印出来也会有这种情况，因为打印照片也是用 RGB 原理调色。

如果人眼有一种或两种视锥细胞很弱甚至完全没有，那么患者就较难分辨这些视锥细胞响应曲线峰值附近的颜色，呈现为色弱或色盲。红绿色盲是最常见的，患者的 M 视锥细胞或 L 视锥细胞感光能力很弱。这两条曲线比较接近，一旦其中一条失效，那么在红绿区间的颜色就难以分辨。

并不是所有动物都靠三种视锥细胞分辨颜色。人的视觉属于
"三色视觉"。表 17-1 展示了拥有不同视锥细胞种类数量的动物及
其感光能力。通常来说，视锥细胞种类越多，用来描述一个颜色的
数值越多，辨别颜色的能力越强。辨色数量大约与视锥细胞种类数
量呈指数关系。

表 17-1　拥有不同视锥细胞种类数量的动物及其感光能力

分类	视锥细胞种类	辨色数量	动物例子
单色视觉	1	200 种	海洋哺乳类、澳大利亚海狮
双色视觉	2	4 万种	陆地非灵长类哺乳动物、色盲的灵长类
三色视觉	3	1000 万种	灵长类、有袋类、部分昆虫（蜜蜂）
四色视觉	4	1 亿种	爬行类、两栖类、鸟、昆虫、极少数人类
五色视觉	5	100 亿种	部分昆虫（某类蝴蝶）、部分鸟类（鸽子）

因此，你家的猫狗看到的和你在电视里看到的图像可能不太一
样。这种不一样不是指猫狗看到的颜色和人类不同——颜色完全是
主观感受。想象你与另一个人各自生活在没有共同经验、只能用语
言交流的世界里。你永远无法确知对方所形容的"红色"在你的感
知中究竟是什么颜色。这种差异表现在，电视以人的视觉为校正标

准来复原自然色彩，然而在猫狗眼中，这种复原可能会显得相当糟糕，甚至完全失真。

你有没有发现，有一些颜色在可见光谱中是缺席的？比如灰色、粉红色、洋红色、米色、紫丁香色等，它们称为非光谱色（见图 17-9）。这些颜色对应视锥细胞的响应数值，不存在**单一波长**的光与之相同。人眼通过三棱镜或彩虹观察到的光谱是按波长大小排序的。只有刻意将不同波长的光以特定的比例组合，才会呈现非光谱色。非光谱色的存在，佐证了视觉不像听觉那样可以拆解不同频率。

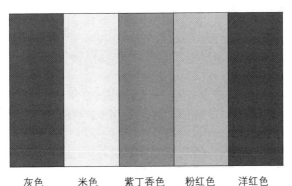

灰色　　　　米色　　　　紫丁香色　　　粉红色　　　洋红色

图 17-9　非光谱色（见彩插）

颜料的颜色也可以叠加，但和光的叠加效果不同。比如，红光和蓝光合成品红色的光，但红颜料和蓝颜料混合成紫色。所有颜色的光叠加在一起呈现白光，所有颜色的颜料混在一起则呈现黑色。如果你有美术基础，那么你会发现，光的三原色（红、绿、蓝）和颜料的三原色（青、品红、黄）刚好互为补色（见图 17-10）。这些区别，并不是由于颜料呈现的光和之前描述的可见光有本质的不同，而是由于颜料呈现颜色的方式与光不同。需要提醒的是，有人把颜料的三原色称为红、黄、蓝，这种说法具有很强的误导性，让人以为红、蓝既属于光的三原色，也属于颜料的三原色。

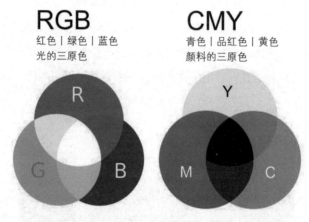

图 17-10　光与颜料的三原色

（见彩插，本图在 CC BY-SA 4.0 许可证下使用）

颜料本身不会发光，它只会反射光。同一种颜料，在不同光下呈现的颜色是不同的。我们说颜料是红色的时候，指的是它在白光下的颜色。白光，或自然光，是所有可见光的混合。第 14 章介绍过，离散的电子轨道和能级意味着离散的吸收光谱，这对分子也适用，只是后者的结构更复杂一些，导致电子的轨道能级和光谱都比较复杂。自然界中比较常见的天然色素，比如广泛存在于植物中的叶绿素，主要有两类，分别为叶绿素 a 和叶绿素 b。它们的吸收光谱比较接近（见图 17-11），都吸收蓝紫光和红橙光，剩下没有被吸收的，也就是白光照射后反射的，就是位于中间的绿光，也就是人们看到的植物的颜色。

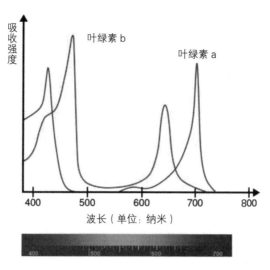

图 17-11　叶绿素的吸收光谱

（见彩插，本图在 CC BY-SA 3.0 许可证下使用）

　　假设有一种颜料，它的分子结构决定它吸收光的三原色之一（单一波长的红光），并反射其他波长的光。那么，它呈现的颜色就是所有光减去红色，也就是红色的补色：青色。假如有另一种颜料，它吸收单一波长的蓝光，并反射其他波长的光，那么它就呈现蓝色的补色：黄色。现在我们将两种颜料混合，白光照射到混合颜料后，红光被青色颜料吸收，蓝光被黄色颜料吸收，反射的是减去蓝光和红光后的所有光。注意，由于蓝光和红光的组合形成品红光，因此剩下的光呈现的就是品红色的补色：绿色。也就是说，青色颜料加黄色颜料就是绿色颜料。注意，混合颜料反射的光比青色颜料和黄色颜料各自反射的光都少，所以颜色更暗。如果我们在这个基础上不断加颜色，每加一种颜色就吸收掉一部分光，那么反射的光越来越少，直至所有光都被吸收，就得到了黑色。

可见，光的叠加是做加法，而颜料的叠加是做减法，每叠加一次，反射光就弱一些，更难继续与别的颜料叠加。因此，尽管可以通过颜料的组合产生新颜色，人们还是尽量寻找吸收光谱简单的颜料，其中既包括天然的（有机或无机），也包括化工合成的。但是，有的物质性质不稳定，比如暴露在空气中容易氧化变性，分子结构发生变化，吸收光谱也相应地发生变化，它们就不适合作为保色持久的颜料。

在自然界中，阳光并不总呈现为白色。晴朗的天空是蓝色的，朝阳与夕阳是红色的。这些色彩都与光的散射有关。空气中充满了气体分子（以氮气分子和氧气分子为主）和小颗粒悬浮物，分子中的电子会在电磁波的激发下振荡，这种振荡行为成为辐射源，向四面八方放射电磁波。这种散射现象被称为"瑞利散射"。当看着天空而没有直视太阳时，我们看到的其实是阳光照射到这片空气中的小分子后发生散射，照射到我们眼睛里的光。注意，千万不要直视太阳！这样做会让你的视网膜受到永久性损伤甚至失明。

瑞利散射的强度与波长有关。当可见光的波长远大于空气分子的尺度时，瑞利散射强度与波长的四次方成反比，波长越短散射越强。在可见光中，紫光的波长最短，但散射过于严重，到达地面附近时已经所剩无几。能够传到地面的光中，波长最短的是蓝光，散射最强，所以我们看到的天空是蓝色的。你可以想象，在月球表面，大气可以忽略不计，即使太阳当空，其余的天空也是漆黑一片。

在日出和日落时，由于太阳在地平线附近，光需要在空气中经历更长的路程才到达人眼，因此短波长的光大部分被散射殆尽，只剩下波长最长的红光，这就是朝阳和夕阳附近天空的颜色。但是，头顶上的天空还是偏蓝，这是因为光到达头顶上空的路径上的空气比较稀薄，散射较少。这些光继续散射到人眼时，还有足够的蓝光被保留下来。

下一个波段是紫外线，其波长约在 10 纳米和 390 纳米之间。阳光抵达大气层外围时，有 10% 是紫外线。随着大气对短波的散射和吸收，到达地面时，只剩 3%，而且是偏长波的那部分。这部分紫外线虽然没有达到电离辐射的程度，但是长时间暴露在紫外线下依然会对皮肤细胞的 DNA 产生损伤，导致皮肤病甚至癌症。也正是因为低频紫外线对 DNA 的破坏能力，它可以用来消毒杀菌。

下一个波段是 X 射线，其波长约在 0.01 纳米和 10 纳米之间。X 射线已经进入电离辐射的范围，对人体有害。但是，如果控制好剂量，可以以较小的风险实现医疗用途，最常见的就是 X 射线拍片诊断。X 射线比较容易穿透软组织，但会被骨骼（包括牙齿）、肿瘤等相对致密的组织吸收，起到透视的效果。由于 X 射线的电离能力，大剂量辐射会破坏人体的分子结构，导致细胞紊乱甚至坏死。各个国家对电离辐射的防护都有着非常严格的安全标准，确保工作人员所处的辐射环境足够安全。相比之下，普通人每年照几次 X 片所产生的危害是微乎其微的。

最后一个波段，也就是波长最短、能量最高的波段，是伽马射线，其波长在 0.01 纳米以下，接近亚原子尺度。伽马射线和 X 射线的波长划分源于不同的产生方式。X 射线来源于高速电子撞击金属靶，将金属原子内层电子撞出，当外层电子跃迁至内层空位时，释放出光。伽马射线则来自原子核衰变，也就是一种相对不稳定的原子核衰变为另一种原子核的过程中所伴随的电磁波辐射；也有可能出现原子核类型没有变，而是从一个较高能级跃迁到较低能级（就像不同轨道上的电子那样）时所释放的辐射。这也就是为什么伽马射线的波长接近亚原子尺度。对于伽马射线的研究有助于人们认识原子核的结构与核辐射的原理和性质。由于其极强的穿透力和电离能力，它对人体产生的危害比 X 射线更大。

光谱的基本内容就介绍到这里。你或许好奇，有一种光没有提及，那就是激光。激光其实不是某个波段的光，而是通过某种技术制造出的具有良好物理特性的单波长光，其波长涵盖部分红外线、可见光和部分紫外线，所以你有时候会看到放红光或绿光的激光笔。激光的全称是"受激辐射光放大"，其原理是：外部能量传输给特定物质系统后，系统里的一些电子吸收能量后跃迁至高能级，此时如果提供某个频率的光子，它的能级刚好和电子跃迁的能级差相同，那么它就会诱导这些电子跃迁回低能级，并激发一个和入射光源的频率相同的电子。新的电子会加入初始光源的队伍，去诱发别的高能级电子。如此往复，初始光源就得到了放大，产生了频率、相位、方向都高度一致，并且密度高得多的光。这些特性催生了很多应用，比如全息影像、精密材料加工、精密测量、医疗诊断与治疗、光纤通信、数字存储（光盘）等。

下面聊聊几何光学。几何光学是人们早期为光构建的几何模型。人们发现，光的轨迹遵从几条非常基本的几何规律。尽管当时人们并不知道这些规律背后的原因是什么，但依然可以基于这些规律解释部分光学现象，设计和制造一些光学仪器，比如望远镜、显微镜、照相机等。当麦克斯韦揭示了光的电磁学本质之后，这些几何规律就可以从麦克斯韦方程组推导出来。几何光学主要有四条基本规律。

一、在均匀介质（包括真空）中，光沿直线传播。

这一点从影子现象就可以得到直观理解。影子就是光因被障碍物遮挡而照不到的地方。影子的边界、障碍物的边界和光源形成直线，证明光确实是沿直线传播的。但是，波具有衍射现象：水波会绕过障碍物，声音也可以绕过墙传到我们耳中。既然电磁波也是波，为什么不会绕过物体呢？其实是会的。如果障碍物很小，小到波长尺度，光就可以发生衍射现象。可见光的波长在 390 纳米和 770 纳米之间，是大分子尺度，远远小于宏观物体，所以衍射现象忽略不计。相比之下，波长较长的电磁波，比如广播信号、手机信号、家里的无线网络信号，其波长和宏观物体的尺寸相当，就可以绕过障碍物。在家里，隔着墙也可以接收到来自无线路由器的信号。

二、来自不同光源的光在空中重叠处互不影响，各自独立传播，重叠处光强叠加。

如果你仔细观察水波，会发现当两个波相遇时，重叠处有一些点是静止不动的。这些位置同时受到两个波源的影响，当两个波源产生的运动刚好互相抵消时，它们就会保持静止。同时，在临近的一些位置，来自两个波源的运动刚好同步，运动加剧。这类现象称为"干涉"。前者是干涉相消，后者是干涉相长。产生干涉现象需要满足一些条件。（一）两个波的频率相同。（二）振动方向相同（水波总是上下振动）。（三）保持恒定的相位差，也就是说，两者在相同的周期中的位置差是恒定的。如果用一个圆周代表一个周期，那么干涉相消意味着两者夹角总是相差 180 度（这样才能互相抵消）；干涉相长意味着两者夹角相差 0 度，总是相同。

但这在光中很难实现。首先，自然光不是单频率光，而是连续频率的复合光。其次，对某个频率的分量，自然光的偏振方向是随机的。最重要的是，自然光不是由一个恒定光源产生的，而是由大量短脉冲拼凑起来的，它们来自太阳内部分子的随机自发辐射。如果在实验室中制造出满足干涉条件的光（比如激光），就可以观测到干涉现象；但在日常现象中，特别是自然光，其相消和相长的现象随机发生，宏观时间尺度上的平均效果就是光强的简单叠加。

三、反射定律：光照在镜面上，会沿着特定的方向反射。

在入射点上画一条与镜面垂直的线，称为法线，反射光线与入射光线关于这条法线对称，即反射角等于入射角（见图 17-12）。

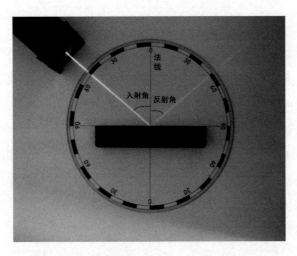

图 17-12　反射（本图在 CC BY-SA 3.0 许可证下使用）

反射定律可以解释镜子成像。物体发出的光经过镜子反射后到达眼中，人眼看上去就和物体从镜子背后发出光并照到眼中没有区别，所以大脑会以为物体在镜子后面（见图 17-13）。

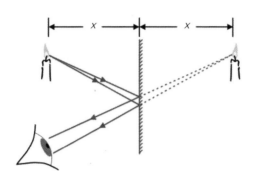

图 17-13 镜子成像

四、折射定律：当光从一个介质进入另一个介质时，其传播方向会出现偏折（见图 17-14）。

假如入射角是 θ_1，折射角是 θ_2，那么两者满足斯内尔定律：

$$n_1\sin\theta_1 = n_2\sin\theta_2$$

其中，n_1 是入射介质（例如空气）的折射率，n_2 是折射介质的折射率。折射率的定义是真空中的光速与光在该介质中的速度的比值，如下所示。

$$n = \frac{c}{v}$$

图 17-14 折射（本图在 CC BY-SA 3.0 许可证下使用）

水中的笔看起来好像被折断了（见图 17-15）。这是因为，光从水里射入空气后，速度变快，折射率变小，根据斯内尔定律，折射角大于入射角。然而，我们的大脑默认光线沿直线传播，因此我们观察到的图像位置比实际的物体位置要高，这让笔看起来像是被折断了。

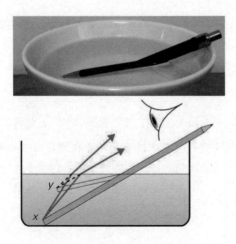

图 17-15 水中的笔（本图在 CC BY-SA 3.0 许可证下使用）

当光线从空气射入其他介质后，速度降低，但光的频率不变，波长会相应地变短。折射率与光的频率有关：频率越高，折射率越大。因此，在白光中，紫光的偏折程度会比红光更大。这一特性解释了为什么当白光穿过三棱镜后，散射的光的颜色会按其频率排序。同样的原理可以解释彩虹现象：白光在水滴中经过折射－反射－折射后到达人眼时，已经按颜色被分解了（见图 17-16）。

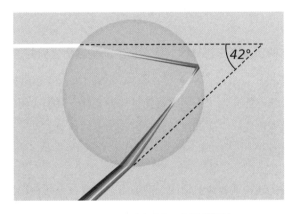

图 17-16　彩虹原理（见彩插）

反射定律和折射定律都可以由麦克斯韦方程组推导出来。当电磁波到达镜面或介质时，物体表面和内部的自由电子会在电磁场下振荡。它们的振荡成为新的辐射源，向四周发射电磁波。我们观察到的反射光与折射光，其实是原始电磁波和新产生的电磁波叠加后的最终效果。由于物质的分子特性与晶体结构的差异，电子响应行为也会产生差异，进而导致折射率不同。麦克斯韦方程组还可以推导出反射光和折射光的振幅大小、相位变化，以及对不同频率和偏振状态的响应。

几何光学就大致介绍到这里，它其实是几何学甚于物理学。人们根据光学的几何原理设计了许多精巧的光学仪器，拓展了观测的边界。

最后聊聊光的动能和动量。回顾第 7 章，两个带电物体的总能量为：

$$E = \frac{1}{2} m_1 v_1^{\ 2} + \frac{1}{2} m_2 v_2^{\ 2} + k \frac{q_1 q_2}{r}$$

其中，前两项是两个物体的动能，第三项是它们之间的静电势能，三者加起来守恒。之所以要引入静电势能，是因为如果仅考虑动能，能量就不能守恒。为了维持能量守恒定律，我们必须引入新的量，即静电势能。它和动能的总和被视为系统的总能量，并遵循能量守恒定律。

但是上述构造方法只适用于准静态，也就是电场在探讨过程中几乎总是静止的；或者说，电场的变化速度远远大于物体的运动速度。但是，我们知道，电磁场的变化和传播速度是有极限的，也就是真空中的光速。假想这样一个场景：两个电荷相距很远，我们扰动电荷 A，激发电磁波，电荷 B 收到电磁波后，跟着扰动。根据能量守恒定律，我们扰动 A 所做的功，一部分作用于 A，一部分作用于 B。但是，这个能量分配有一个过程，要靠电磁波传递给 B。在 A 被扰动后和 B 被扰动前的这段时间，电磁波还在传播的路上，能量去哪儿了呢？

可见，考虑**全局**能量守恒是不够的。需要换一种方法，来描述任意一个**局域**，即一个很小的空间内的能量守恒。这个时候，静电势能就不能用来描述两个物体之间的**关系**了，因为如果两个物体相距很远，这个量就超出了**局域**的范围。这个量应该被理解为静电场本身携带的能量，而且是每个局域的静电场能量在全空间的累加。于是，我们需要找到电磁场的能量密度，从而描述单位体积的电磁场能量。

注意，这样做意味着静电场不再是描述库仑力的**辅助手段**，而成为和物体有着相同地位的**实体**。

除了能量密度，还要讨论电磁波如何把能量从一个局域带走，然后带进另一个局域。我们需要找到一个量来表示能流密度，它应该是一个矢量，描述的是单位时间内流经单位面积的能量。这两个量必须满足守恒关系：

净向内的能流密度 × 局域表面积 × 时间 = 能量密度的变化 × 局域体积 + 局域内物体动能变化

等号左边描述的是在局域的所有表面上，流入流出能流的净值（向内为正），也就是一段时间内有多少能量从外界输入这个局域。等号右边第一项是这个局域内电磁场能量的增量，第二项是局域内物体动能的增量。

我们需要从麦克斯韦方程组出发，**构造**两个量，符合上述守恒式。这个构造过程不是唯一的，我们可以构造出不止一套能量密度和能流密度，它们的值不同，但都符合守恒关系。现在普遍采用的公式是：

$$u = \frac{\varepsilon_0}{2} E^2 + \frac{\varepsilon_0 c^2}{2} B^2$$
$$S = \varepsilon_0 c^2 \cdot E \times B$$

其中，u 是能量密度，它由两部分组成，分别是电场能量密度和磁场能量密度。c 是光速。ε_0（ε 是希腊字母，读作 /ˈɛpsɪlɒn/）是一个常数，称为"真空介电常数"。S 是能流密度矢量，称为"坡印亭矢量"。电场和磁场之间的叉（×）是一种矢量运算符号，和洛伦兹力类似，需要用右手定则来判断方向。坡印亭矢量既和电场垂直，又和磁场垂直。对电磁波而言，它的方向刚好与电磁波的传播方向一致。因此，光传播的过程，也是朝着传播方向输送电磁能的过程。

与之类似，我们可以定义局域里的动量密度，它和物体一起维持动量守恒。动量密度的公式非常简单，即坡印亭矢量除以光速的平方：

$$g = \frac{S}{c^2}$$

考虑一种最简单的情形：平面波（光可以近似看成平面波），其能量密度、坡印亭矢量和动量密度分别是：

$$u = \varepsilon_0 E^2$$
$$S = \varepsilon_0 c E^2 = uc$$
$$g = \frac{S}{c^2} = \frac{u}{c}$$

我们为光赋予了能量和动量，它看上去和实体粒子似乎没有什么区别。那么，光有没有质量？如果有，它受到引力影响吗？如果没有，它怎么会有能量和动量呢？这些问题无法在经典力学框架下得到回答，必须借助相对论和量子力学。光，作为一种最早被研究的自然现象，直到经典力学的末期才第一次得到系统、准确的认识。但是，没过多久，它又引导人们发现经典力学无法弥补的漏洞，引发了现代物理学革命，获得新的诠释。光的故事远没有结束，下册将继续讲述。

|第 18 章|

生活中的物理学

经典物理学的理论就介绍到这里，大厦的框架已经搭建完成。如果我们回到一百多年前，也就是 19 世纪末，欣赏着这座宏伟的大厦，内心会赞叹：人类凭借自己的智慧，解码了上帝创造世界的语言。在第 19 章中，我们会后退一步，从远处考察这座大厦，探讨一个偏科学哲学的话题。在此之前，我们进入这座大厦，为它补充一些装饰品，让经典物理学更好地解释世界。

在讨论声学和热学时，我们强调还原理论和构建理论的关系。通过还原的原则，宏观世界的所有现象都可以归结为微观粒子在基本作用力影响下的运动，但这常常不是研究宏观现象最有效的方法。比如，气体的性质和现象理论上可以追溯到**每一个**气体分子的运动，但实际上根本不可能这样做，因为气体分子实在太多了，而且人们实际上并不关心每个分子的轨迹，只关心宏观的性质，即体积、压强、温度等物理量。因此，尽管还原方法可以确保整个世界的图景是统一的，但人们仍然在研究不同层次的问题时使用不同的视角和方法，两者并不矛盾。

这在物理学以外的领域也是一样的。假设我想了解上海的经济发展情况，我会综合了解上海的产业结构、收入分布、税务状况、消费水平、进出口贸易等方面，而不是首先将城市还原为每一个市民。如果我拥有一台超级计算机，可以详细记录每个人的日常行为产生的海量数据，那么理论上存在一套公式，可以推导出所有上述宏观数据。但是，"理论上存在"并不代表这套公式很容易找到。即使找到了，也不代表它能帮助我们理解这座城市。面对同一个对象，需要用不同的视角和方法来回答不同层次的问题。

我们在日常生活中接触到的物理现象，基本上都可以还原为重力、电磁力和简并效应。然而，这样的知识并不能很好地帮助我们理解日常生活中的各种现象。因此，让我们暂时放下还原论的观点，从宏观的角度重新理解生活中的力。

压强

你有没有滑过雪？如果你穿着滑雪板，就可以在雪地里飘逸地滑行；但是如果你穿着普通的鞋，就只能深一脚浅一脚地走。你有没有被锋利的打印纸边缘划破过手？纸是很柔软的材质，却能产生像刀一样的破坏力。

产生这些效果，和力的大小有关，也和接触面积的大小有关。同样的体重，穿着普通鞋会陷进雪地里，穿着滑雪板却可以停留在雪面上。这是因为滑雪板接触雪地的面积非常大，体重被均匀地分散在这片面积上。相比之下，普通鞋的面积很小，每一单位面积分到的体重很大，更容易对雪产生压迫，进而使雪发生形变。打印纸本身很软，无法产生很大的外力，但打印纸特别薄，其边缘与手接触的面积极小，因此即使是微小的力，若被集中在这小小的接触面上，也足以割破皮肤。

对这些现象而言，相比力的大小，我们更关心这些力作用在多大的面积上，或者说每一单位面积上承受了多大的力。这个概念就是压强：

$$P = \frac{F}{S}$$

其中，F是力，S是接触面积，P是这个力在这个面积上产生的压强。压强等于力除以接触面积。可见，在同样的面积下，力越大，压强越大；相反，在力相同的情况下，接触面积越大，压强越小。

如果你有下厨烹饪的经历，那么你应该知道菜刀每隔一段时间需要磨一磨，让它变得锋利，这样切菜切肉会更省力。这是因为切菜切肉的原理是用外力破坏食材的组织纤维，这需要非常大的压强作用在食材表面。刀越锋利，刀锋与食材的接触面越小，产生同样的压强所需的力就越小，所以切起来会更省力。

切洋葱时，洋葱里的洋葱素会弥漫在空气中，飘到你的眼睛里，让你泪流满面。减轻流泪最有效的方法是把刀磨锋利，这样刀锋和洋葱的接触面越小，被切断的洋葱纤维的量越少，释放的洋葱素也越少。

把一个生鸡蛋握在手心，手掌均匀使劲，试试能否把它握碎。尽管鸡蛋壳很脆，但鸡蛋的拱形结构非常坚固，这使得它可以把一个点上受到的力尽可能地分散到四周。而且，当你用整个手掌握鸡蛋时，手的力量分散在整个鸡蛋表面，平摊下来压强并不大，很难握碎鸡蛋。弄碎鸡蛋最好的方法就是用鸡蛋壳敲击坚硬的表面，比如碗的边缘，这样力量可以集中在一小块面积上，产生足够大的压强破坏蛋壳的支撑结构。

摩擦力

摩擦力是一个很宽泛的概念，通常用来指阻碍运动的力。比如，冰面的摩擦力很小，水泥地面的摩擦力很大；流星的光是小星体在进入大气层后和大气摩擦燃烧产生的；游泳时皮肤表面会受到水的摩擦力，科学家需要寻找摩擦力小的材料来做泳衣，让游泳更省力。我们在此着重讨论固体表面之间的摩擦力。

第一种摩擦力称为"静摩擦力"，是指即使物体之间没有发生相对运动，但仍有摩擦力存在，来抵抗试图移动物体的那个力。比如一个很重的箱子放在地面上，人使劲推却没有推动，那意味着物体受到地面的摩擦力和推力方向相反、大小相等，互相抵消。只有这样，根据牛顿第一定律，物体才有可能保持静止。

静摩擦力也可能是竖直方向的。比如你把一本书摁在墙上，那么在水平方向上，手的推力和墙壁返回的支撑力互相抵消；竖直方向上，书自身的重力和什么力抵消呢？那就是墙和书的表面之间的静摩擦力。书受到的摩擦力向上，与重力平衡，于是书才能静止。

第二种摩擦力称为"滑动摩擦力"，是物体表面之间发生相对滑动时产生的阻碍对方运动的力。比如你推一个箱子，在越光滑的地面上越容易推，这是因为光滑地面产生的滑动摩擦力更小。

静摩擦力和滑动摩擦力的原理相同。如果用显微镜观察物体，你会发现互相接触的物体表面是凹凸不平的。这种凹凸不平让两个物体的接触面松散地咬合在一起。推动物体时，每一个凹凸小齿像一座座小山一样阻碍物体的移动，在宏观上就形成了摩擦力。物体表面越粗糙，咬合越频繁，打破这种咬合越困难，摩擦力也就越大。不过这是非常粗糙的定性描述。摩擦力涉及物体表面原子间的复杂相互作用，超出了经典物理学的解释范畴，需要引入量子力学。这里就不深究摩擦力的微观机制了。

日常经验告诉我们，物体表面越光滑，滑动摩擦力越小；物体和表面之间的压力越大，滑动摩擦力越大。这个经验可以用以下公式来表述：

$$F = \mu N$$

其中，F 是滑动摩擦力；N 是表面支撑力；μ 是希腊字母，读作 /'mjuː/，称为"滑动摩擦系数"，代表了两个物体表面之间的光滑程度。这个公式告诉我们，滑动摩擦力与表面支撑力成正比，比例系数就是滑动摩擦系数。表面越粗糙，μ 越大。通常来说，μ 比 1 小，也就是说，滑动摩擦力一般不会比表面支撑力更大；但也有例外，比如橡胶之间可能产生比 1 大的 μ。

还有一种运动中的摩擦力和滑动摩擦力不同，那就是轮子在滚过地面时受到的摩擦力，称为"滚动摩擦力"。轮子没有打滑，也就没有发生相对位移，所以这种摩擦力不是滑动摩擦力。如果推不动一个很重的箱子，可以将其放在小推车上推，会轻松很多。这说明轮子和地面之间的滚动摩擦力要比物体直接接触地面时所受的滑动摩擦力小得多。

"滚动摩擦力"是一个相当糟糕的名字，因为它的机制与滑动摩擦力截然不同。如果我们把轮子和地面的接触面放大看，会发现轮子和地面之间并没有发生相对运动，而是在紧密贴合的状态下滚过去的。轮子压在地面上时，轮子和地面都会有微小的形变，导致接触面上不同地方产生的支撑力方向是不同的（支撑力总是垂直于表面）。轮子向前滚动时压过轮子前方的地面，力矩平衡要求前方的支撑力比后方的大。前方支撑力有水平向后的分量，于是轮子受到向后的力比向前的力大，也就形成了阻碍轮子前进的摩擦力（见图18-1）。

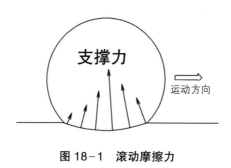

图 18-1　滚动摩擦力

和滑动摩擦力一样，滚动摩擦力也有如下经验公式：

$$F_r = \mu_r N$$

其中，F_r 是滚动摩擦力，N 是支撑力，μ_r 是滚动摩擦系数。因为滚动摩擦系数比滑动摩擦系数小得多，所以用带轮子的推车搬运物体非常省力。

向心力

向心力不是一种具体的力，而是描述力产生的效果，这种效果是让物体的运动**方向**发生改变。物体做圆周运动时，需要一个指向圆心的力不断改变它的运动方向，这个力的效果就是向心力。

向心力可以由各种力来提供。有一项田径运动是链球，运动员通过铁链抡着铁球绕头顶旋转，等链球速度大了后顺势扔出去。在旋转过程中，铁链会给铁球施加很大的拉力，这个拉力产生的效果就是让铁球绕着头顶做圆周运动，也就是向心力。

向心力不一定由接触力提供。地球绕着太阳公转，需要一个向心力保持其圆周运动，这个力是由来自太阳的万有引力提供的。地球在万有引力的作用下没有掉落到太阳上，是因为引力的大小恰好等于地球公转所需的向心力的大小。

对于一个做圆周运动的物体来说，需要多大的向心力来保持这个运动呢？向心力的大小由以下公式描述：

$$F = m\frac{v^2}{r}$$

其中，m 是物体质量，v 是物体速度，r 是旋转半径。因此，对同一个物体来说，旋转速度越快，需要的向心力就越大；旋转半径越大，需要的向心力就越小。此外，质量越大的物体需要的向心力也越大。

向心力的概念不只适用于周而复始的完整的圆周运动，即使对一小段圆弧也是有效的。只要物体的运动轨迹不是直线，而有一定程度的弯曲，那么弯曲运动的这部分就会有向心力的效果。物体需要一个垂直于运动方向的力，来改变它的运动方向。

我们依然可以用上述公式来计算物体在通过弯道时的向心力。物体的质量和速度都很容易获得，但半径 r 应该如何计算呢？

我们可以在弯道的某一点选择左右两个和它非常接近的点，数学上可以唯一地找到一个圆，刚好经过这三个点，这个圆的半径就是用来计算向心力的 r。这个半径称为弯道上这个点的"曲率半径"（见图 18-2）。越平缓的曲线，曲率半径越大，需要的向心力越小。

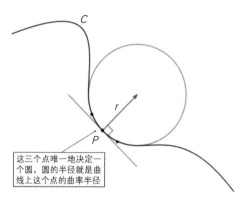

图 18-2　曲率半径

密度

不同材料有非常显著的性质差异，其中之一是物体的质量和体积的关系。如果我问你，棉花、木头和砖头这三种材料最大的区别是什么，你或许会说：棉花最轻，砖头最重。但这样说是不严谨的，因为"轻重"指的是物体受到的重力，一屋子的棉花肯定比一块砖头重，而一千克棉花和一千克砖头是一样重的。因此，我们应该比较相同体积的棉花和砖头，它们受到的重力是多少，更确切地说，质量是多少。

于是我们提炼出密度的概念，它的定义是单位体积的质量。公式写作：

$$\rho = \frac{m}{V}$$

其中，希腊字母 ρ 读作 /ˈroʊ/，代表物体的密度，m 代表质量，V 代表体积。日常经验告诉我们：棉花的密度比木头小，木头的密度比砖头小，砖头的密度比铁小。

物理概念通常可以分为两类，其中一类描述了物体的量，比如物体的体积、质量。另一类描述了物体的性质，比如特定材料的密度，它是不会随着物体的量变化的。寻求变化量中的不变概念，在物理学研究中是非常普遍的思路。

流体压强

之前讲过，固体对接触面产生的压强是单位面积上受到的力。其实液体和气体也会产生压强，比如我们常听说的水压、大气压。液体和气体统称为"流体"，因为和固体不同，它们是流动的，没有特定的形状，其形状取决于容器的形状。

一个注满水的长方体对容器底部产生的压强应该和一个同等质量、相同形状的固体对接触面产生的压强相等，它们都等于长方体的重力除以接触面积。这是因为对于容器底部来说，它总是要承受这么多重力，和上面是液体还是固体无关。回顾压强的公式：

$$P = \frac{G}{A}$$

其中，G 是液体重力，A 是底面积。液体重力等于液体质量乘以重力加速度（常数）：

$$G = mg$$

质量等于密度乘以体积：

$$m = \rho V$$

体积等于高乘以底面积：

$$V = hA$$

综合以上等式：

$$P = \frac{G}{A} = \frac{mg}{A} = \frac{\rho Vg}{A} = \frac{\rho hAg}{A} = \rho hg$$

也就是说，液体对容器底部的压强等于液体密度、高度与重力加速度的乘积（见图 18-3）。

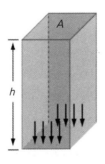

图 18-3　液体压强

物体的固、液、气三种形态的区别归因于分子或原子的结构差别。构成固体的粒子被限定在一个狭小的活动范围内，而液体或气体的粒子是自由流动的。流体和容器壁之间的压强来源于流体粒子在运动中和容器壁不断碰撞反弹时产生的冲击，本质上是在接触瞬间粒子和容器壁之间的排斥效果。想象如下场景：你向墙壁扔一个网球，网球弹回时，墙壁在碰撞瞬间会感受到一次短暂的压力；如果有成千上万个网球不断地投向墙壁，墙壁就会感受到持续的压力。这种持续的压力就构成了稳定的压强。

我们可以把流体想象成许多杂乱无章、高速运动的网球。它们不停地撞击容器壁、互相碰撞，这些连续且密集的撞击所产生的就是对容器壁的压强。注意，流体压强永远垂直于其所接触到的表面。不仅容器的底部会承受来自流体的压强，容器的侧面同样会承受压强。因为流体粒子本身受到重力，所以它们总体上会产生更多向下的压强，而这种加强效果又会通过碰撞传递给各个方向。流体越深的地方，容器侧面受到的压强越大，其关系恰好可以用之前推导过的公式来描述：

$$P = \rho hg$$

也就是说，液体在某一点的压强与其深度成正比。正因如此，水坝在水越深的地方就要做得越厚实，来抵抗深水的高压。

流体压强还和流体密度 ρ 成正比。这是因为密度越大，意味着单位体积里的"网球"的数量越多（或者每个"网球"的质量越大），于是单位面积墙壁受到频繁碰撞而产生的冲击也越大，即压强越大。设想将网球都换成同等大小和同等速度的乒乓球，墙所受的冲击会小得多，压强也就小得多。

浮力

如果在海里游过泳，你就知道人在海水里相比于在游泳池里更容易浮起来。究竟是什么因素导致这种差别呢？

浮力的原理来自流体压强，向上的推力大于向下的压力。浮力的公式是：

$$F = \rho V g$$

其中，F 是浮力，ρ 是流体密度，V 是物体浸入流体部分的体积，g 是重力加速度。证明过程请参考附录。

除了附录里的推导过程，我们还可以通过一个巧妙的思想实验得到同样的公式。我们已经知道浮力的来源是流体对物体表面施加压强的综合效果。既然如此，物体所受的浮力应该完全取决于物体表面的形状（浸没流体的部分），而与内部构造无关。换句话说，如果我们保留物体的外壳，把内部材料换成水，那么它受到的浮力应该不变。一个全是水的物体，在水里受到的浮力，应该等于它自身的重力。只有这样，这个"水包"才能保持静止；不然它就会朝着一个方向运动，进而整个容器里的水都会朝某个方向运动，这显然是违反直觉的（见图 18-4）。

因此，物体所受的浮力应该等于：

$$F = mg = \rho V g$$

其中，m 是等同于浸没体积的水的质量，也就是水的密度乘以浸没部分的体积。这个公式与刚才推导的结果一致。这个思想实验适用于任何形状的物体。

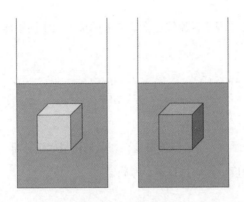

图 18-4　浮力的思想实验

实心铁块会沉到水底，木块会漂浮在水面上，是什么决定了物体在流体中的沉浮？假设我们把一个物体完全浸没到水里，然后放手，分析它在放手后的受力情况。首先它受到向下的重力：

$$G = mg = \rho_1 V g$$

重力等于质量 m 乘以重力加速度 g，进而等于物体密度 ρ_1 乘以体积 V，再乘以重力加速度 g。它同时受到向上的浮力，根据刚才得到的浮力公式：

$$F = mg = \rho_2 Vg$$

其中，ρ_2 是流体的密度。如果重力大于浮力，物体就会下沉，那么对应的条件就是：

$$G > F$$

把两个公式中的相同项（体积 V 和重力加速度 g）都消掉，就得到了以下不等式：

$$\rho_1 > \rho_2$$

同理，如果这个不等式反过来，物体就会上浮：

$$\rho_1 < \rho_2$$

因此，如果物体密度大于流体密度，物体下沉，反之物体上浮。实心铁块的密度大于水的密度，因此它会下沉；木块的密度小于水的密度，因此它会上浮。

回到最初的问题：人在海水中比在游泳池里更容易浮起来，是因为海水富含盐。盐的密度比水大，导致盐水的密度比纯水大，产生的浮力更大。

既然往水里加盐可以增大水的密度，进而增大水的浮力，那么有没有可能通过不断加盐的方式让铁块浮起来呢？

我们先把这个问题放在一边，考虑另一个问题：如果我们往水里添加泥土和沙子，有没有可能增大水的浮力？这样做看似增大了水的密度，但实际上泥土和沙子最终会沉淀在水底，而水仍然是清澈的。浮力的本质是流体粒子碰撞物体表面产生持续的推力，而泥土和沙子的颗粒太大、太重，不会参与到水分子的快速流动中，只会由于重力逐渐下沉到水底，所以这样做不会对浮力产生影响。相比之下，盐溶于水后会分解为颗粒非常小的离子，这些离子和水分子差不多大，会参与到水分子的运动和碰撞中，所以就会增大压强，进而增大浮力。

但是，盐溶于水的能力是有限的，并不是说无论加多少盐都会溶解在水里。在常温下，一升水只能溶解约 357 克盐，再多的盐会以结晶的形式沉淀在水底。可见，通过往水里加盐来增大浮力的方法是有限度的，不会无限增大到将铁块浮起来的程度。

下面，我们用学过的理论来解释一些生活现象。

生鸡蛋与熟鸡蛋

先考虑一个生活中的问题：假设你面前有两个外观相同、重量相等的鸡蛋，一个是生鸡蛋，一个是煮熟的鸡蛋，有什么办法可以在不打破鸡蛋的情况下区分两者？

生鸡蛋和熟鸡蛋的区别在于，前者里边是黏稠的液体，后者是完整的固体。如果用手晃生鸡蛋，你会感受到里边流动的蛋清和蛋黄。如果拿熟鸡蛋竖在桌子上像转陀螺一样转它，转到一半时突然用手将它停住，然后立刻松手，熟鸡蛋会倒下。但是，如果是生鸡蛋，它在被松开后会朝原来的转动方向重新开始转动。这是因为开始转动时，蛋清和蛋黄会在蛋壳的摩擦下被带动起来。当蛋壳突然停止运动时，里面的液体不会马上停下，而会因惯性继续转动。如果此时松手，旋转的液体就会带动蛋壳重新开始转动。

有一个更直观的办法区分两者。用案板做一个斜坡，让两个鸡蛋分别从顶端滚下，看哪一个先滚到底部（见图 18-5）。你先猜一下是哪个，或做一下实验。

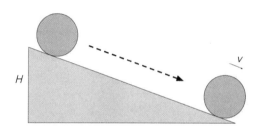

图 18-5　斜坡上的鸡蛋

熟鸡蛋的蛋壳里是固体，相对液体更容易随着蛋壳转动起来。这样说来，似乎应该是熟鸡蛋先到终点。但事实上生鸡蛋滚得更快。生鸡蛋里的液体需要靠蛋壳和液体之间的摩擦力与液体本身的黏滞性来带动，所以转起来总比蛋壳慢一些。我们先做一个假设：生鸡蛋和熟鸡蛋同步到达终点。同步到达，意味着它们时时刻刻的位置和速度都相同，它们到达终点时的速度是一样的。（你可以想一想为什么不会出现一个鸡蛋领先然后被另一个鸡蛋追上的情况。）鸡蛋到达底部时的动能由它们在高处积累的重力势能转换而来。由于一开始两者位于同一高度，且受到的重力相等，因此它们的重力势能也相等。由于能量守恒，两者在底部的动能相等。鸡蛋在底部的动能由两部分构成：一部分是向下冲的平动动能，另一部分是转动动能。两者速度一样，意味着平动动能一样。现在比较转动动能：熟鸡蛋内部是固体，转动角速度和蛋壳一样；但生鸡蛋内的液体有滞后效应，转动角速度比蛋壳小。两者速度一样，意味着蛋壳的转动角速度一样（想一想为什么）。那么，生鸡蛋内部的转动动能就小于熟鸡蛋，也就是说，生鸡蛋在底部的总动能小于熟鸡蛋。但是，由于能量守恒，两者在底部的总动能应该相等，并且都等于初始的重力势能。然而，这与我们推论形成矛盾，说明一开始的假设是错误的。为了弥补缺失的动能，生鸡蛋只有下降得更快，获得比熟鸡蛋更多的平动动能，才能保持两者总动能相等。因此，生鸡蛋在底部的速度更快，意味着它下降得更快，更早到达底部。

多普勒效应

你或许有这样的经历：站在火车站站台上，一列火车鸣着汽笛从你面前呼啸而过，你听到汽笛的音调在经过你的那一刻突然从高亢变得低沉。汽车的喇叭声也有同样的效果。

火车汽笛原本的音调没有变化，坐在火车上的人听到的音调是不变的。当波源移动时，静止的观察者接收到的频率与波源发出的频率不同。这种现象称为多普勒效应。

多普勒效应的原理很简单。音调取决于声波的频率，频率是周期的倒数，周期则表示一次完整振动所经历的时间。如果以波峰为基准，那么周期就是连续观测到两次波峰的时间间隔。你可以想象声源发出的是间隔均匀的"滴……滴……滴……滴……"的脉冲，两次"滴"的间隔就是它的周期。

当声源静止时，声源每经过一个周期 T 发出一次"滴"，观察者每经过一个周期 T 收到一次"滴"，观测到的频率和声源频率相同（见图 18-6）。现在考察声源向着观察者运动的情况：声源发出第一次"滴"后向前移动，当发出第二次"滴"时，它和观察者的距离比第一次短，因此第二次"滴"传播的距离比第一次短。这意味着观察者在不到 T 的时间就收到了第二次"滴"。也就是说，观察者测到的周期比 T 短，频率比声源频率高。同样的原理，当声源远离观察者时，观察者测得的频率比声源发出的低。因此，火车经过你时，你收到的频率更高；它远离你时，你收到的频率更低，于是就出现了音调突然降低的现象。

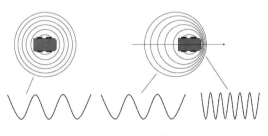

图 18-6　多普勒效应

多普勒效应的另一种情况是声源保持静止，而观察者移动。这种情况下的原理和结论与前者相同：当观察者朝向声源移动时，测得的频率会更高；反之，当观察者远离声源时，测得的频率就更低。

多普勒效应已经应用于许多领域，其中最常见的就是声呐和雷达。在声呐系统中，静止的声源向周围的运动物体发出特定频率的声波。假如物体向着声呐靠近，那么由于第二类多普勒效应，它感受到的频率比声源高。物体接收到声波后会以同一频率反射，此时物体成了移动的声源。声呐检测反射回来的信号的频率，由于第一类多普勒效应，这个频率比物体反射的频率更高。如果声呐收到的频率比发出的低，那就意味着物体远离声呐运动。通过计算声呐发出的和收到的频率之差，就可以推导出物体的移动速度。此外，通过声音信号往返的时长，也可以推导物体的距离。

用于在高速公路上监测车速的装置就是声呐。自然界中有很多动物天生具有声呐器官，比如蝙蝠、海豚。雷达的工作原理和声呐相似，只不过它传播的不是声波，而是位于微波波段的电磁波。

共振

你擅长荡秋千吗？荡秋千的技巧在于掌握发力的时机。如果你在秋千上随机扭动，那么秋千只会在原地打转。如果你发力的周期和秋千自身摆荡的周期一致，那么秋千就会越荡越高。

很多物体自身具备振动模式，比如秋千的摆荡和弹簧的伸缩。如果对物体施加一个周期性的外力，那么物体会以外力周期运动。这种振动称为"受迫振动"，区别于物体自身的振动。受迫振动的振幅既与外力振幅有关，也与自身振动模式的频率（称为"固有频率"）有关。当外力频率和固有频率非常接近时，振幅达到最大，这种现象就称为"共振"。因此，荡秋千的技巧就是发力频率与秋千自己摆荡的频率相同。

第 11 章介绍了人耳如何辨别不同频率的声音。耳蜗上分布着许多绒毛细胞。当某个频率的声波传到耳蜗时，某组绒毛细胞会被

"唤醒"，传递信号给大脑。大脑收到来自这组绒毛细胞的信号，就辨别出这个音调的强弱。每组绒毛细胞负责一个频率，从低到高各司其职。绒毛细胞是如何被"唤醒"的呢？其实，所有绒毛细胞都在声波带来的空气压缩下受迫振动，声波里又夹杂着各种频率的信号。对某一个绒毛细胞来说，它对不同频率的响应振幅是不同的。对那些和它的固有频率相同的信号，它最敏感，达到共振，响应强度最大，就相当于把它所针对的这个频率"挑选"出来。每个绒毛细胞都挑选各自共振频率的声波，合在一起就让大脑收到了完整的声音信息。

第 17 章介绍过的无线电收音机也利用了共振。调节频率旋钮的过程，其实是调整一个谐振电路的谐振频率。当某个电台的波段和这个频率一致，从而达到共振时，这个电台的信号就会被放大，从电磁波的海洋中被挑选出来。

人体的内脏器官也有固有频率，在 20 赫兹左右。这个频率的声波超出了常人的收听范围，接近"次声波"频段。次声波会在人难以察觉的情况下和内脏器官产生共振，让人感到恶心、晕眩、呼吸困难，严重时甚至会导致脏器受损，非常危险。在工业环境中，以大功率运作的机械需要符合严格的安全标准，把机器产生的次声波控制在安全范围之内。

液体的表面张力

在空中自由下落的水滴和水中的气泡为什么都是球形的？沾了水的两块玻璃片为什么很难分开？金属回形针为什么可以浮在水面

上？这些现象都和液体的表面张力有关。

区别于固体分子，液体分子在不停地流动。每个水分子并不是静止在一点，而是不断受到其他水分子的碰撞。同时，水分子是极性分子，氧原子偏正极，氢原子偏负极。一个分子的负极和另一个分子的正极互相吸引，构成它们之间的凝聚力。这种凝聚力让水分子在互相碰撞的同时凝聚在一起，体积在外部压强的变化下不会发生显著变化，或用物理术语来说，水的"压缩系数"很小。

液体内部的分子所受到的各方力量达到平衡；但是液体表面的分子只受到一半方向的力，这些力的综合效果会产生一个垂直于表面向里拉的力（见图18-7）。液体分子在不停地流动，我们无法通过追踪所有分子的相互作用来推导液体表面的形状，但是我们可以从统计上推导出这样的结论：液体表面向内牵引的平均效果，是让液体的表面积最小。想象真空中有一团水，它只受到周围水分子的吸引，没有其他力，表面积最小的形状是球形。

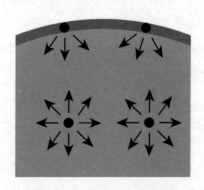

图18-7　水分子互相吸引

我们在日常生活中观察到的大部分与表面张力有关的现象与其他材料有关,这又涉及水分子与其他分子的作用力。如果仔细看玻璃杯里的水面,你会发现它不是平的,而是轻微凹陷。这是因为水分子和玻璃分子之间有着很强的吸引力,于是水面上方的玻璃壁会牵扯水面和玻璃接触的那部分水分子,让它们克服重力和其他水分子的吸引力往上爬,形成凹陷形状。需要注意的是,是否凹陷,以及凹陷的程度,是"水－玻璃"吸引力与"水－水"吸引力互相抗衡的结果。水银在玻璃容器中呈现凸起表面,这是因为水银分子和玻璃分子之间的吸引力小于水银分子之间的吸引力(见图 18-8)。

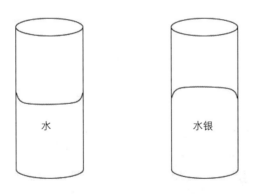

图 18-8　液体表面形状

对水而言,材料可以分为"亲水"与"疏水",前者与水分子之间的吸引力大于水分子之间的吸引力,例如玻璃;后者相反,例如镍。最简单的判断方法是把水滴在材料表面上,观察水滴和表面的接触角。亲水材料上的水滴会摊在表面,接触角是锐角;疏水材料上的水滴会立起来,甚至呈现球形,接触角是钝角(见图 18-9)。

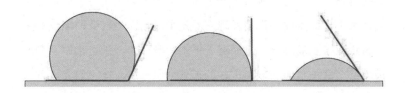

图 18-9　接触角

　　如果你小心地把镀镍的硬币或回形针放在水面上，那么它们会漂浮。金属的密度当然大于水的密度，托举着金属的力主要不是浮力，而是水的表面张力。由于镍的疏水性，水面在靠近金属的部分会下陷，于是与金属接触的这部分水，会受到四周水分子向上提拉的力。这部分力强到足以抵抗金属的重力，让它漂浮于水面上（见图 18-10）。

图 18-10　回形针（本图在 CC BY-SA 3.0 许可证下使用）

　　我们常说莲花"出淤泥而不染"。莲叶表面覆盖着一层极度疏水的材料，让水滴无法浸润莲叶，从而形成小球状，携带着附着的泥沙，顺着莲叶曲面滑落，使莲叶保持清洁（见图 18-11）。这种现象被称为"莲花效应"。仅仅从化学构成是无法解释莲叶的超疏水性的，因为莲叶表面的叶绿素、纤维素、淀粉等大分子充满了极性基团，很容易吸引极性水分子。在超高分辨率显微镜下，人们发现莲叶表面充满着由疏水的蜡质构成的纳米级至微米级的二级凸起结构，就像长满绒毛小山包一样。这种微观结构让水面和莲叶表面之间形成一层空气。空气本身可以被视作超疏水材料，它强化了蜡质本身的疏水性，产生了极强的疏水效果。

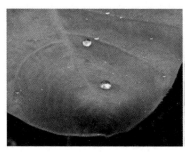

图 18-11 莲花效应
（左图在 CC BY-SA 3.0 许可证下使用，
右图在 CC BY-SA 4.0 许可证下使用）

自然界中还有很多巧妙利用莲花效应和表面张力的生物。比如水黾，它是一种生活在水面上的昆虫，它的躯干和腿上布满细小的疏水绒毛，这让它像回形针一样漂浮在水面上，自如地运动（见图 18-12）。

图 18-12　水黾（本图在 CC BY-SA 4.0 许可证下使用）

　　基于莲花效应的灵感，人们发明出纳米结构的建筑涂层和服装布料，水浇上去后可以立刻带走污物而不留下痕迹。

第 19 章

机械宇宙图景

这是经典物理篇的最后一章。让我们跳出物理学的框架，从哲学的角度考量这座大厦。

在解释力、热、声、光、电、磁等每种现象门类时，我都在强调这样一些核心理念：世界是由大量基本粒子构成的，一切现象都可以还原为粒子的运动和相互作用，时间与空间是粒子运动的舞台，系统的初始条件决定了未来每时每刻的状态……这些理念之所以看上去平淡无奇，是因为它们太深入人心，人们难以想象其他描述世界的方式。这恰恰是经典物理学的成功之处：它基于几条简练、朴素、直观的基础准则，构建了涵盖几乎所有自然现象的理论大厦，由简洁的数学所描述，精确地预测未发生的现象。尽管当时还有一些未能完美解释的现象和理论瑕疵，但人们面对这座恢宏的大厦，毫不怀疑它已接近完成，"物理学家"这个身份即将伴随着人类理性的荣耀终结它的使命。

哲学需要对这座大厦的基础进行批判，也要考查其他可能的认知世界的方式。尤其沿着历史的脉络，将经典物理学与前科学时期（特别是古希腊的自然哲学）和 20 世纪后的现代物理学对比，人们可以透过毋庸置疑的普适性窥探出它的独特气质。

要阐释这种独特气质，就不得不回到这座大厦建设之初，即 17 世纪的欧洲。今天人们普遍认为，那个时代发生了一场深刻的精神变革，而物理学和哲学正是这场变革中密不可分的核心战场。前文介绍了以亚里士多德的宇宙观为代表的前物理学宇宙观，以及伽利略如何在运动理论中开创了基于数学和实验的新范式。限于篇幅，本书没有提及另一个惊心动魄的战场：天文学。哥白尼、布鲁诺、第谷、开普勒、伽利略、笛卡儿、牛顿等先驱前赴后继，在重重阻力下完成了地心说向日心说的革命，将人从宇宙中心的位置撤出。伽利略、笛卡儿、牛顿对物理学的数学化改造将目的和价值从物理学中排除出去，消弭了自然物与人造物的隔阂，将它们统一在无目的的"机械"宇宙图景之中。伽利略开创的实验传统，将对自然的认知从旁观者的沉思转向积极的实践。今天的人们对于变革后的世界如此熟悉，以至于难以想象世界所经历的震荡。下面我们站在变革的节点上，总结经典物理学大厦的特征。

第一个特征是世界成为客体与对象。我们所探讨的一切自然现象，都是独立于人而自成一体地运行着。世界作为一个对象呈现在人们眼前，其运行规律与人的心理活动及认知过程是完全分割开的。即使我们闭上眼睛，即使全人类突然消失，这个世界依然按某个规律运行着。不仅如此，世界呈现给所有人的形象是一致的。只有成为共识的对象，才被纳入科学的研究范畴。注意，即使人本身作为科学的研究对象，它依然作为一个客体而存在，比如人眼辨别颜色的机制、肌肉发力的原理、神经元交互的模式等，我们研究这些问题的方法和研究声音的传播机制、杠杆的机械效率、原子结构等问题是一样的。这种区分对高层次的现象更为微妙，比如个体的心理和群体的社会行为、经济和政治行为等，它们依然是以供观察和实验的对象形态呈现给研究者的。

第二个特征是对世界的量化表述。第4章介绍了古希腊的四元素说，当时人们对世界的认知和描述关注在定性的描述与诠释上，比如石头会掉落到地上，火焰向天空蹿升，热、冷、干、湿四种原始性质相互作用会产生不同元素。对他们而言，"量"固然可以描述事物多少、方位等重要属性，但它不是最重要的。相比之下，事物的材质、形式更贴近其本质。当观察石头落地的现象时，当时的人们思考的问题是：什么样的性质导致了石头下落？而不回答：一块石头有几份土元素？它下一秒会在什么位置？

并非古希腊人数学能力差，无法进行精确、复杂的量化分析。古希腊人在代数和几何等方面已经获得了极高的成就，欧几里得（Euclid）的《几何原本》（*The Elements*）是古希腊数学的集大成者，通过定义、公理、公设和严谨的演绎与论证构成了完整的数学体系。在古希腊人看来，数学是不依赖于任何实体的纯形式，研究纯粹的量与空间的关系，它所研究的对象是永恒、不变、形而上、凌驾于一切自然现象之上的。不论太阳东升西落还是西升东落，平行线的同位角与内错角永远相等，三角形内角和永远等于180度。相比之下，古希腊人眼里的物理学研究的是自然的现象，是运动、变化、形而下的。因此，在古希腊的理论体系里，数学的地位比物理学高，它更贴近永恒不变的真理。毕达哥拉斯（Pythagoras）主张"数即万物"，柏拉图（Plato）的《蒂迈欧篇》（*Timaeus*）描述上帝如何按几何的原则构建宇宙。数学中只存在面数为4、6、8、12、20这五种正多面体，所以这五个数比其他数有着更优越的地位。除此之外，圆和球是最高级的形状，因为它们完全对称，没有瑕疵，所以成为许多运动的理想模型，比如天体的形状和公转轨迹（当时人们不知道公转轨迹是椭圆形）。

第4章介绍了作为近代物理学之父的伽利略如何将运动学作为物理学的基础。他提出，研究自然现象，首先要将物体在时空中的运动准确地记录下来，包括位置、速度、加速度等量，然后分析这些数之间的关系。在这个过程中，运动的量是首要甚至唯一需要研究的问题。

数不仅表达量的差异，也表达质的差异；或更确切地说，数消除了质的差异。当我们说今天天气很冷或很热时，物理学家的处理方法是首先定义一个表达冷热程度的物理量，然后为其规定一个普适的标度方法，从而使上述问题转变为"今天的气温是多少度"这样对一个数的求问。这样做消除了质的差异：90 摄氏度的水和 90 摄氏度的铁，它们的冷热程度是一样的，没有质上的区别；苹果与地球之间的万有引力和月球与地球之间的万有引力只有量的差异，不因对象是苹果还是月球而不同。出现在任何物理公式中的符号，都代表着一个有待填入的数。量得以消除质的差异，更根本的原因或者说导致的结果，即粒子宇宙图景。正是因为世界是由少数几类粒子构成的——同种粒子之间完全没有区别；即使是不同种粒子，它们的区别也限于少数几种可以量化的物理概念，比如质量、电荷量、自旋等——我们才可能将不同性质归结于量的差异。

值得一提的是，当泛量化思维渗入与日常生活密切相关的技术领域时，会潜移默化地消解人的多维度与多样性。效率至上的工业革命造就了流水线，人成为标准化、无差别、可替代的零部件。这一方面提高了生产效率、降低了维护成本，另一方面也把人降格为机器，沦为工业化的奴役。消费主义、娱乐至死把人的欲望灌输为单一维度，让人失去批判性和主体性，成为同质、顺从的生物本能反应器。在信息时代，精准的广告投放与个性化推荐成为互联网产业的核心竞争力，这看似造就了千人千面、量体裁衣的多样性，但实际上在算法面前，人被粗暴地简化为优化利润的数据资源和操纵对象。人的思维方式和行为逻辑被利润至上的算法悄无声息地改造，潮起潮落的同质化进程挤压真正的个性空间。人需要抵抗"量消除质的差异"在自己身上的内化与实践。

关于抵抗泛量化思维，历史上有一段为人津津乐道的插曲：约翰·沃尔夫冈·冯·歌德（Johann Wolfgang von Goethe）对牛顿颜色理论的批判。从科学史的角度来看，这段插曲并没有改变光学理论的历史发展轨迹，顶多算一次体系外的喊话；但当我们跳出框架审视时，就会发现歌德的批判映照出物理学大厦的鲜明特质和方法论上的单薄。

歌德最广为人知的身份是德国 18 世纪到 19 世纪的诗人、作家。他对自然保有浓厚的兴趣，曾涉猎地质学、动物学、植物学、色彩学等诸多领域。他自认为最重要的自然理论著作是出版于1810 年的《颜色论》（Theory of Colours）。在这本书里，他将矛头直指牛顿的光粒子理论，提出一套关于"颜色原型"的理论。

在第 17 章中的可见光部分里，我们回顾了以牛顿为代表的光粒子理论与以惠更斯为代表的波动理论之争。牛顿的光粒子理论统治了一百多年，直到 19 世纪初人们在实验中发现光的波动特征，波动理论才开始复兴。到法拉第、麦克斯韦的电磁学理论完善后，人们意识到光的电磁波本质，才彻底宣告光粒子理论的终结。

歌德活跃于光粒子理论统治的末期。当时由伽利略、笛卡儿、牛顿开创的数学、实验、运动学传统已经成为物理学研究的标准范式，即一切现象都归结为时空中的运动，一切运动都统一于力学逻辑。但是，有一些自然现象并不能直观地通过时空中的运动来表述，颜色就是一例。红光与绿光混合后呈现黄光，这个现象怎么通过粒子的运动来描述呢？对此，笛卡儿和牛顿以一种相当消极的态度处理：他们将这种现象排除在物理学范畴之外。他们认为，颜色是运动在视觉神经中引起的心理反应，是心灵的幻象；相比于运动而言，颜色是次要的。从认知角度来说，正因为颜色体验完全脱离时空，我们无法想象脱离神经与心理层面、完全客观的描述方式和沟通方式。想象这样一位离奇的患者：红光和绿光在他的大脑中所激活的区域和常人相比刚好相反，那么除非我们监测他的大脑活动，否则仅仅通过语言上的交流，双方完全无法感知到概念上的分歧。

按照这个思路，只有当颜色呈现为时空中的运动时，才可以被物理学研究。三棱镜就是一种标准的研究工具。自然光（日光）经过三棱镜时，会向不同方向折射出不同的颜色，称为自然光谱（见图 19-1）。当代理论的解释是：日光由不同波长的电磁波混合而成，各成分对透明介质的折射率不同，因此偏折角度不同。牛顿的光粒子解释大同小异，只不过他将不同波长的电磁波替换成不同种类的粒子。归根结底，颜色概念被还原为"偏折角度"这个运动学中的量，进而被还原为"光的折射率"这个物理量。

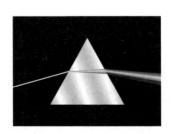

图 19-1　三棱镜下的自然光谱

（见彩插，本图在 CC SA 1.0 许可证下使用）

　　从颜色的直观体验来看，这种处理方法过于简化。首先，光谱色并不包含所有颜色，许多所谓"非光谱色"（比如洋红色）不在其中。物理学对此的解释是：这些颜色不是单一波长的电磁波，而是不同单色光的复合效果。但是，这是以物理学为中心的阐释。从直观体验来说，我们没有任何理由认为光谱色比非光谱色更基本、更高级。其次，物理学强行为光谱色赋予了一个数值（折射率），所有光谱色按照这个数值排序；而"为颜色排序"在直觉上是非常荒谬的事。还有，用折射率这个概念无法解释为什么某些颜色的光混合后会成为另一种颜色的光（比如，红光＋绿光＝黄光）。混合而成的黄光和相应的单色黄光有何异同？事实上这个问题超出了物理学的能力，必须在视觉神经科学中得到解答。可见，为了研究颜色，物理学粗暴地抛弃了一些经验，并强行引入了一些毫无必要的经验，以便让颜色适配运动学这个框架。至于那些人类关于色彩更深层的共识，包括色彩在光影下的变换规律、不同颜色引发的情感等，都被物理学拒之门外。

　　这些都是歌德反对牛顿理论的理由。他首要反对的就是直观体验让位于数学化、时空化的运动学范式。他认为，人对于自然的**一切体验**都是同等重要的，而不仅仅是观察物体的运动那部分体验；对自然细致、全面的直观体验是一切理论的基础。歌德还认为，将人当作外部观察者会损失许多重要的体验，尤其是和颜色相关的情绪、心理应当包含在颜色理论之中，即将人作为观察对象的一部分。在这个意义上，歌德的自然哲学与现象学（phenomenology）有相似之处。在当今的科学体系里，他的颜色理论不仅包含了物理学，也包含了心理学，并且是两者的有机整合。

　　歌德为颜色体系构建了一套"原型模型"。他深受瑞典博物学家卡尔·林奈（Carl Linnaeus）的影响，而后者又深受亚里士多德的"形式理论"影响，并将其应用于自己的植物学分类工作。"原型模型"指的是一种抽象、理想化的原初形态，它在与环境的交互中呈现出现象。人们所要做的，就是从现象中抽象出原型，并理解它与环境交互的规律。歌德认为光明、黑暗和介质是颜色的三种原型模型。黑暗不是没有光，而是光的相反存在；光明是一种单纯的存在，而不是不同颜色的光的复合体——不然就不能称之为"原型"（这一点和亚里士多德的理论类似）。光明和介质作用形成明亮温暖的黄光，黑暗和介质作用形成沉静忧郁的蓝光，它们进一步融合产生其他颜色的光。为此，歌德设计出一个"色轮"（见图 19-2），用于描述颜色间的混合关系。区别于牛顿的线性光谱，色轮中的洋红色将红－紫两端相连，成为一个无首无尾的圆环。在色轮上，歌德还标注了每种颜色所唤起的心理反应和情感色彩，比如洋红色是"美的"，橙色是"高贵的"，黄色是"好的"，绿色是"有用的"，蓝色是"平庸的"，紫色是"无必要的"。

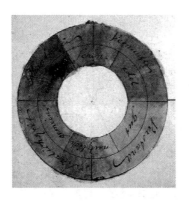

图 19-2　歌德的色轮（见彩插）

歌德的理论是解释性的，而非预测性的；歌德也设计了一系列实验来阐释他的理论，但这些都远达不到牛顿理论对量化的严苛程度。尽管许多物理学家和哲学家高度赞扬了他的工作，但科学共同体并未将歌德的理论视作对牛顿理论的真正挑战。歌德强调直观感知的基础地位，指责牛顿理论为了适配运动学框架抛弃了最重要的色彩体验，代之以折射角、折射率这些数学概念。在歌德看来，牛顿割裂了光和颜色的关联，用枯燥的数代替后者带给人的丰富体验，然后将后者排除出物理学的研究范畴。在那个物理理论数学化、抽象化已经势不可当的时期，歌德依然遵从直观体验，直指经典物理学引以为傲的方法论背后的不足。这种批判和反思在今天尤其值得借鉴。

与量化表述紧密相关的是第三个特征：统一的世界图景与还原方法。经典物理学的成就不仅在于它为世间万物提供了精确表述，更在于这些表述被统一在同一个框架内。质量、能量、动量、角动量等概念适用于一切尺寸的物体；万有引力公式、麦克斯韦方程组适用于引力和电磁力。燃烧生成的热和压缩空气生成的热是一样的，天上的闪电和摩擦起电是一回事。尽管面对不同层次的问题，我们需要构建不同的概念、使用不同的方法，但一切宏观现象归根结底都可以还原为微观粒子的运动和相互作用。声音的传播可以还原为空气分子的压缩和膨胀，灼热的铁可以还原为铁原子的振动，彩虹可以还原为不同频率的电磁波的折射。即使基本作用力已经被精简为四种，人们依然不满足，认为继续追寻它们背后的大统一理论是理所当然的事。

统一的世界图景还体现在"自然"概念的弱化上。我们今天所说的"自然"，笼统地包含宇宙万物，即物理学的一切研究对象。我们有时用它区分自然物和人造物，接近"天然"的含义。但是在当代物理学的语境里，这种区分没有意义：一棵树，无论其处于自然生长状态，还是被砍伐后做成桌子，都不影响它的物理性质。然而，对比前科学时期，特别是亚里士多德在《物理学》中所描绘的世界图景，这种区分就极其重要。在英语里，自然（natural）一词来自拉丁语 natura，翻译自古希腊语 physis（φύσις），而物理学（physics）一词就是指"关于自然的知识"。直至牛顿时期，物理学都几乎等同于"自然哲学"（natural philosophy）。在汉语里，"自"指"其自己"，"然"是助词，指"……的样子"，所以"自然"的含义是事物原本的、不受外力干扰的样子。这个词最初出现于老子的《道德经》："人法地，地法天，天法道，道法自然。"在当代汉语中，这个含义也常被用到，例如"顺其自然"。我认为"自然"之于 natural 是非常精妙的翻译，因为它相当准确地对应了这个词在古希腊哲学中的含义。在《物理学》里，亚里士多德明确地区分了"自然物"与"人造物"。前者的形态由其材质所决定，是其自身内具有运动①根源的事物。相比之下，人造物的形态是由外部原因决定的。草屋、木屋、砖屋、水泥屋，它们都服从于建造者心中的"屋"的形态，与其材质本性关系不大。一方面，尽管草屋、木屋的材质致其易燃，但这是由材质带来的偶然性质，与"屋"的性质无关。另一方面，由于"屋"的性质来自外界，因此当屋子坍塌后，它便失去了这个性质，但其材质本身的性质不会因此丢失。可见，只有将人造物的性质划分出去，研究纯粹的自然物，才能找到

---

① 这里的"运动"比今天狭义的位置改变范围更广，还包括量的增减、性质的改变等。

这种永恒的本性、万事万物的本源。自然物与人造物的区分，来源于亚里士多德的"四因说"，即事物变化与运动的原因可以归结为四大类：质料因、形式因、动力因、目的因。对人造物而言，四因通常是不同的。以木屋为例，质料因是木材，形式因是建筑师的设计图纸，动力因是砍伐木材搭建房屋的工匠，目的因是遮风挡雨、储物住人。对自然物而言，因其自身具有运动的根源，后三者归一个形式因；而自然物的形式作为质料的最终形态，又包含了后者。

仔细品味亚里士多德对于自然物和人造物的区分，可以帮助我们理解"自然"一词的丰富内涵。但是，在当代物理学图景中，这种区分毫无必要。所有物品归根结底都是几种基本粒子的组合，它们所遵循的运动规律是完全一样的，不因其自然生长或受人为干预而不同。至于一切变化与运动的"原因"，都可以还原为几种基本作用力对粒子运动状态的改变，即"力学"的逻辑。对照起来看，它更接近于四因中的"动力因"。"机械"从一种与自然物对立的意向，上位成为宇宙的基本运行逻辑的核心意向。

客体化、量化、统一的世界图景是第四个特征的基础：实验方法。16世纪至17世纪的英国哲学家弗朗西斯·培根（Francis Bacon）在《新工具论》一书中提出了科学发现的系统路径，其中观察与实验是验证理论假说的核心准则。当然，并不是所有现象都可以在实验室里重现，比如对于天文学、物种演化、地质学等学科，观察是唯一的手段。但是，自然界并不总是呈现出我们需要的场景。因此，我们应当尽可能地在实验室里构造各种环境来"拷问自然"，逼迫自然吐露其背后的运作机制。实验逻辑的可行性基于一个隐含假设：无论是自然界中自发涌现的现象，还是在实验室中被构造出来的现象，它们背后的规律一定都是一致的。尽管实验室环境无法完全复制自然环境（后者在某种程度上是独一无二的），但是在我们所关心的范围之内，差别是可以容忍和忽略的。随着统计学的发展，人们可以控制和计算环境的不确定性与误差，从而计算出理论的可信度，而不是做简单的是非判断。如今，实验方法成为各科学领域的核心命题。即使面对复杂的实验对象，比如人的心理和群体行为，我们也有大量巧妙的实验设计思路。

第五个特征是绝对时空。当时间与空间成为物理学的舞台时，它们就必须将一切质料排除出去，剩下绝对的虚空与恒定的流逝。它们永恒、绝对地存在。一切物体都在空间中占据一定的位置，一切过程都在时间中留下轨迹。但是，这些位置和轨迹不属于空间与时间本身。反过来，一切无法在时空中呈现的对象（比如灵魂）都自动地被排除出物理学的讨论范围。

时空也是客体化与对象化的，而且要比任何具体的物体的客体化与对象化都更彻底。就人的朴素观念而言，时间是一种主观体验，一种心理上的"流逝"感受。对于同样的一天 24 小时，我们有时觉得转瞬即逝，有时觉得度日如年。但对物理学来说，主观体验不可以作为时间度量的依据，而要用所有人都有共识的现象作为度量标准，比如太阳周而复始地东升西落。时空的度量必须是普适且毫无歧义的。标准尺和钟表让地球上的所有活动都获得统一的标记。但是，这种标记不是时空本身，因为时空是排除一切质料后的存在，任何度量都只是对纯粹时空的一种模仿，一种影像，一种联结尝试。在这个意义上，纯粹时空带来想象上的挑战：试想宇宙中的一切物体突然消失，一切变化突然停止，人是否还能拥有时空的观念？无论人的**观念**如何，它们在物理学意义上都是存在的，即使**度量**已不再可能。

因此，经典物理学强调一种"本质主义"（essentialism）的时空观，即时间和空间的概念优先于一切实体和运动，其存在是真实的、本质的。与之相对的是"关系主义"（relationism）的时空观，即时空无非是对实体和运动的一种便捷的描述手段，真正重要的是物体之间的方位关系及事件之间的先后顺序——脱离质料的纯粹时空没有意义。牛顿不仅强调了时空的本质属性，甚至预设了一个特定、普适的绝对参考系——它和其他惯性参考系一起通过牛顿第一定律获得了优先于其他参考系的地位。

时空是均匀、无限的。在一切理论对称性中，时间平移对称、空间平移对称、空间旋转对称是最强的，也是所有物理定律都遵循的。它们的前提便是时间与空间均匀、无限，没有任何一个时刻、位置与方向有特殊的地位。在某个时空点发生的物理过程，平移到任何其他时空点都会遵循同样的物理规律。时间必须无始无终，空间必须无限延展。只有这样，牛顿第一定律才有意义：当物体没有受到外力时，它会保持静止或做匀速直线运动。这条定律假设匀速直线运动是允许永远进行下去的，时间和空间是没有边界的。

从操作定义的角度来看，一切物理概念最终必须落实到运动上，即对时空的度量上。因此，对世界的量化表述归根结底是作用在时空上的。当我们获得一套统一的度量标准后，便可以用一组数来标记任何事件。笛卡儿直角坐标系把全局空间划分成三维网格，外加一个全局时间维度，于是一个事件就可以用四个数来标记，并且不需要任何额外信息（量消除了质的差异），即：

$$事件 = (x, y, z, t)$$

注意，时间不仅被量化了，也被空间化了。它在数学上和三维坐标没有任何区别。事实上，在相对论中，时间确实被视作和空间地位相同的维度，甚至可以和空间互换维度。在四维时空中，时间的流逝性消失了，它成为一条静态的事件轨迹。

相比之下，**绝对时空观**是比较新的概念。人的朴素时空观都是相对概念：比如表达方位的前、后、左、右，表达时间的先、后，表达运动的快、慢。度量本身也是比较：把物体放在标准尺上比较物体两端的读数，用钟表比较物理过程的始末，记录读数。但是，牛顿从这些可感知的相对时空观念中抽象出一个绝对、普遍的时空，它按其固有的习性延展和流淌。绝对时空的存在，意味着存在一系列包含整个宇宙的特殊参考系，即惯性参考系。一切经典物理定律都是在惯性参考系中描述的。

第 5 章介绍了力学的逻辑：根据物体在某一刻的状态计算这一刻物体之间的相互作用力，然后通过牛顿第二定律计算物体的加速度，从而确定下一刻物体的运动状态。下一刻物体的运动状态会决定下一刻物体之间的相互作用力，进而决定再下一刻物体的运动状态……如此循环往复地向前推进。在这个过程中，每一步推导都是确定无疑的。因此，只要知道一个系统的初始状态，就可以明确无疑地预测未来每一个时刻的系统状态。推广到整个宇宙，如果它真的按经典物理定律运作，那么它在此时此刻的状态会确定无疑地决定未来，包括每个人的生老病死、做的每一个决定、会发生的每一场意外，等等。整个宇宙的命运，早在宇宙诞生之初就被决定了。

经典物理学所描述的宇宙图景就是这样一台复杂而精密的机械。当时的人们认为，上帝制定了机械的运动规则后，只要给予第一次推动，机械就会遵守规则精确、永恒地运行下去，上帝不再干预进程。

经典物理学的成功让机械宇宙图景拓展到人们尚未充分理解的领域，比如生命。尽管生命体与机械看上去大相径庭，但人们相信在微观层面，生命体也遵循着机械的动作逻辑。法国哲学家朱利安·奥弗雷·德·拉·梅特利（Julien Offray de La Mettrie）是机械唯物主义的代表人物，他在《人是机器》一书中，利用当时有限的医学、生理学和解剖学知识，指出人本质上是一台精密运作的机器，人的心灵、思想、精神都是生命有机体的功能，而不是与物质割裂开的二元对立。

不过值得一提的是，随着经典物理学的发展，其机械隐喻也在不断演进。在初期，朴素的机械意象是粒子之间的接触与碰撞，这个意象主宰了很多领域的早期想象，包括热质、电流体、光粒子、以太等。随着研究的深入，人们逐渐认识到这些粗糙的模型难以解释新的现象（例如摩擦生热、光偏振现象），或固守它们会让理论变得臃肿不堪（例如麦克斯韦的涡管和惰轮），便通过一次次范式转换抛弃了它们，拥抱更精简而抽象的模型。统计力学、电磁波、场等新概念开始进入物理学舞台的中央，机械宇宙图景也从互相推搡的微粒集群演化为更丰富、更抽象的力学过程。

但这些演化过程丝毫没有动摇机械宇宙图景的决定论内核。如果人的精神真的是由物质决定的，而所有物质行为早在宇宙诞生之时就决定了，那么当你以为是自己决定去哪家餐馆吃饭时，这个精神活动其实早就由微观粒子的运动决定了，换句话说，我们的选择权可能只是一种幻觉。这当然是一种极其悲观的宿命论。选择权究竟是不是幻觉？回顾第 1 章对什么是物理学的讨论，这更多地是一个哲学问题，而不是科学问题。对于任何试图证明自主选择真实存在的论据，都可以找到一条"这只是幻觉，一切都是决定好的"的论据与之对应，而我们无法通过实验和观察判断哪个正确。

自由意志是哲学的核心命题之一，它与决定论有着巨大的张力。如果选择权是一种幻觉，那么自由意志是否存在？从机械宇宙观盛行的经典物理学时期到人工智能技术日新月异的今天，这个问题一再被提起。有人认为决定论为自由意志判了死刑，有人认为即使世界是决定性的，人的自由意志依然存在，因为人拥有道德责任，决定论和自由意志是可以相容的。

今天，机械宇宙图景不再是物理学的基础图景。20 世纪爆发的物理学革命中，量子力学是最为深刻、对物理学基础甚至宇宙图景都产生了颠覆性影响的理论。量子力学认为粒子不是一个所有物理量都确定无疑的实体。它具体以何种形式呈现给观察者，是由观察行为发生的那一刻以一定概率决定的。量子力学带来的是概率宇宙图景。并且，观察者与观察对象不可割裂，观察行为对客体产生不可逆转的改变，世界不再以彻底的客体与对象的形式呈现在人的面前。

量子力学是否可以消解决定论给自由意志带来的张力？人的精神和思想是否完全由物质决定？这些问题今天还没有得到令人满意的答案。量子力学一方面解释了经典物理学无法解释的现象，另一方面让物理学的基础变得晦涩和费解。面对即将完成的经典物理学大厦，人们自以为找到了世界运行的所有规律，却又揭开了新的面纱，看到一个完全陌生的宇宙。

在下册中，我将带领你进入风起云涌的 20 世纪，领略由相对论和量子力学带来的对世界图景天翻地覆的变革。

附　录

附录 A　动量与角动量

一、推导动量公式

在推导动量公式之前，我们先回顾一下牛顿第三定律：两个相互作用的物体，它们受到来自对方的力，力的大小相等、方向相反。另外，牛顿第二定律告诉我们，力的效果是产生加速度，而加速度是速度随时间改变的比率。那么，牛顿第三定律的含义其实是，当一个物体通过作用力改变另一个物体的速度时，另一个物体会反过来改变这个物体的速度：

$$F_{1 \to 2} = m_2 a_2 = m_2 \frac{\Delta v_2}{\Delta t}$$

$$F_{2 \to 1} = m_1 a_1 = m_1 \frac{\Delta v_1}{\Delta t}$$

$$F_{1 \to 2} = -F_{2 \to 1}$$

其中，$F_{1 \to 2}$ 表示物体 1 施加给物体 2 的力。Δ 是希腊字母，读作 /ˈdɛltə/，放在一个物理量前面表示它的微小变化。Δt 指一段很短的时间，Δv_2 指物体 2 在这段时间内的速度变化，那么 $\frac{\Delta v_2}{\Delta t}$ 就是物体 2 在此刻的加速度。前两个公式分别描述了两个物体所遵循的牛顿第二定律。第三个公式描述了牛顿第三定律，负号代表方向相反。两个物体受到的力大小相等，但两个物体的质量可能不同，那么速度的变化可能不同。因此，我们要将速度和质量结合起来，看能否构造出一个守恒量。

将前两个公式的左边和右边分别相加：

$$F_{1\to2} + F_{2\to1} = m_2\frac{\Delta v_2}{\Delta t} + m_1\frac{\Delta v_1}{\Delta t}$$

第三个公式告诉我们，以上等式左边等于零。于是：

$$\frac{m_2\Delta v_2 + m_1\Delta v_1}{\Delta t} = 0$$

这个等式的意思是，在一段很短的时间Δt内，物体1的质量乘以它的速度变量，加上物体2的质量乘以它的速度变量，和为零。那么，我们就可以定义一个新的组合量，称之为动量：

$$P = mv$$

于是，上述等式可以写为：

$$\frac{m_2\Delta v_2 + m_1\Delta v_1}{\Delta t} = \frac{\Delta P_2 + \Delta P_1}{\Delta t} = \frac{\Delta(P_2 + P_1)}{\Delta t} = 0$$

换句话说，两个物体的动量总和，即$P_1 + P_2$，在运动过程中没有变，是守恒量。这个推导过程不仅适用于两个物体，也适用于由任意多物体构成的系统。

二、推导角动量公式

我们从时间、空间、粒子、运动学、力、牛顿定律一步步得到了描述物体移动的动量守恒定律。物体的移动和转动有着某种对应关系。物体移动的速度，可以对应物体转动的速度，加速度也是如此。物体的质量越大，惯性就越大，需要越大的力来改变它的移动速度；同理，质量大的物体，也需要大的力矩来改变它的转动速度。

如何表示转动速度？在第 4 章中，我们把移动速度定义为物体在单位时间内移动的距离。同理，转动速度就可以被定义为物体在单位时间内转过的角度，或者称之为"角速度"（见图 A−1）。移动加速度的定义是单位时间内速度的变化程度，那么我们可以定义转动加速度为单位时间内物体角速度的变化程度，或者称之为"角加速度"。举个例子，秒针的角速度是分针的 60 倍，分针的角速度是时针的 60 倍，而三者的角加速度都是零。

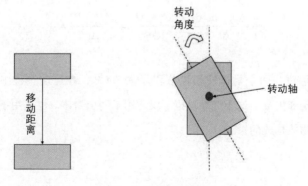

图 A−1 移动与转动

现在，我们来看一个非常简单的转动装置（见图 A-2）。它的一端是固定的轴心，通过一根质量忽略不计的细线连着一个质量为 m 的物体，物体被放在水平桌面上（忽略重力）。这个物体在外力 F 的作用下绕着轴心加速旋转，旋转半径是细线长度 r，力的方向与运动方向始终保持一致，且与半径垂直。假设某一时刻物体的速度是 v，过了一段很短的时间 t 后，它经过的距离是 vt。在这个过程中，细线转过的角度是 θ（希腊字母，读作 /ˈθiːtə/，经常用来表示角度）。

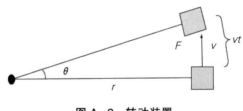

图 A-2　转动装置

因为物体绕着轴心做圆周运动，所以它经过的轨迹其实是一小段圆弧，圆弧长度就是 vt。圆弧长度、旋转角度和半径满足如下几何关系：

$$\frac{\theta}{360} = \frac{vt}{2\pi r}$$

这是因为，旋转角度和 360 度的比值，等于圆弧长度和圆周长的比值。物理学家通常不用 360 度来表示一个圆周，而用弧度来表示角度，一个圆周的弧度是 2π。此时，上述公式可以写为：

$$\frac{\theta}{2\pi} = \frac{vt}{2\pi r}$$

于是：

$$vt = \theta r$$

角速度是物体在单位时间内转过的角度，用 ω（希腊字母，读作 /oʊˈmɛɡə/）表示：

$$\omega = \frac{\theta}{t} = \frac{v}{r}$$

也就是说，角速度等于速度除以半径 r。同理，角加速度等于加速度除以半径 r。我们用 β（希腊字母，读作 /ˈbeɪtə/）表示角加速度：

$$\beta = \frac{a}{r}$$

其中，a 是物体的加速度。于是，我们得到了速度与角速度、加速度与角加速度之间的对应关系。

注意，轴心在这里扮演着支点的角色，它是计算角速度的参考点，角速度的值依赖于支点的选取。支点改变的话，角速度和角动量的值也相应改变。支点不一定是真实的旋转中心（物体未必做圆周运动），可以是空间中的任意一点，只是这样做的话计算角速度会有些麻烦，这里就不展开了。

下面，我们考察力和力矩。我们知道，物体受到的力矩是：

$$T = Fr$$

根据牛顿第二定律：

$$F = ma$$

注意，细线对物体产生的力指向圆心，与运动方向垂直，不会改变运动速度的大小，所以我们只需要考虑 F 就足够了。

结合上述三个公式，我们得到：

$$T = Fr = mar = m(\beta r)r = (mr^2)\beta$$

这个公式告诉我们，力矩可以让物体加速旋转。力矩和角加速度满足正比关系：

$$T = I\beta$$

其中，I 是一个常数，在这个例子里等于质量乘以半径的平方。我们称之为"转动惯量"。对比牛顿第二定律：

$$F = ma$$

可见，转动惯量和质量类似，它描述了一个物体在外力矩下，改变其转动状态的难易程度。注意，转动惯量并不总是等于 mr^2。比如，一根质量为 m、长度为 L 的均匀棍子，绕着一端转动的话，它的转动惯量等于 $\frac{1}{3}mL^2$。这个系数是通过微积分计算出来的，和物体质量分布有关，这里就不推导了。在质量和尺寸不变的情况下，如果物体的质量都分布在远离轴心的位置，那么它的转动惯量越大，越难改变转动状态。

　　动量等于质量乘以速度。因此，我们很自然地将**角动量**定义为转动惯量乘以角速度。于是，我们发现一组对应关系（见表 A−1）。

表 A−1　移动与转动的对应关系

移　　动	转　　动
力 F	力矩 T
加速度 a	角加速度 β
惯性质量 m	转动惯量 I
速度 v	角速度 ω
动量 $P=mv$	角动量 $L=I\omega$

附录 B　熵

一、证明热力学第二定律的两个表述是等价的

我们用卡诺热机来证明热力学第二定律的两个表述是等价的。

克劳修斯表述：不可能把热量从低温物体传递到高温物体而不产生其他影响。

开尔文表述：不可能从单一热源吸收能量，使之完全变为做功而不产生其他影响。

我们用反证法。假设克劳修斯表述是错的，即可以把热量从低温物体传递到高温物体而不产生其他影响。考虑一个可逆的卡诺循环，机械从高温物体 T_1 吸热 Q_1，对外做功 W，然后向低温物体 T_2 放热 Q_2。此时，我们再想办法把 Q_2 从低温物体 T_2 传递给高温物体 T_1 而不产生其他影响（不改变机械状态），那么两者的综合效果是从高温物体 T_1 吸收热量 Q_1-Q_2，对外做功 W，而不产生其他影响。也就是说，开尔文表述是错的。

假设开尔文表述是错的，即可能从单一热源吸收能量，使之完全变为做功而不产生其他影响。考虑刚才的卡诺循环的逆过程，从低温物体 T_2 吸热 Q_2，并接受外界做功 W，向高温物体 T_1 传输热量 Q_1。此时，我们想办法从高温物体 T_1（单一热源）吸收热量 Q_1-Q_2，对外做功 W，而不改变机械状态。两者的综合效果是热量 Q_2 从

低温物体传至高温物体，而不产生其他影响。

可见，两条表述要么都是错的，要么都是对的，不可能一个错一个对。这就是等价的含义。

二、证明可逆卡诺循环的热量比值等于温度比值

考虑一个卡诺热机（见图 B-1），高温为 T_1，低温为 T_2。和标准温度 T_0 相比，有三种可能，分别是：T_0 比 T_1 高；T_0 在 T_1 和 T_2 之间；T_0 比 T_2 低。我们只证明第二种情形，其他情形同理，你可以自行证明。

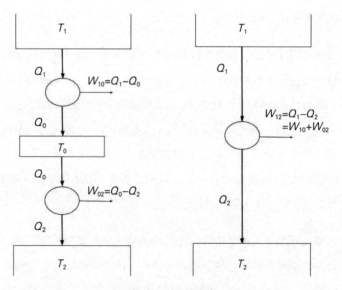

图 B-1 组合循环

如图 B-1 中的左图所示，假设有两个可逆卡诺循环，第一个

在 T_1 和 T_0 之间，第二个在 T_0 和 T_2 之间。这两个循环的综合效果其实就是 T_1 和 T_2 之间的可逆卡诺循环。热量 Q_0 从 T_0 流进又流出，T_0 没有产生任何能量效果。通过对 T_1 和 T_2 的标度，我们知道：

$$\frac{T_1}{T_0} = \frac{Q_1}{Q_0}$$

$$\frac{T_0}{T_2} = \frac{Q_0}{Q_2}$$

将两个等式相乘可得：

$$\frac{T_1}{T_2} = \frac{Q_1}{Q_2}$$

这就证明了我们的猜想。

三、证明任意可逆循环的熵不变

（以下证明参考了《费曼物理学讲义》。）

假设物体经历了一个循环，这个循环由 N 步构成（见图 B-2），每一步的温度为 T_1、T_2……T_N，每一步与热源交换的热量为 Q_1、Q_2……Q_N（正值为吸热，负值为放热）。我们计算每一步的熵改变量：

$$\Delta S_i = \frac{Q_i}{T_i} \quad (i = 1, 2, \cdots, N)$$

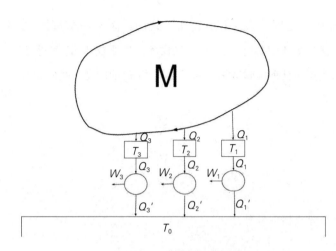

图 B-2　任意可逆循环

我们将这个热机称为 M，它经历了由 N 步构成的可逆循环（为简单起见，图中只画了三步）。第一步，热机温度为 T_1，与 M 交换的热量为 Q_1。为了方便想象，我们假设图中表示的是 M 向外放热。如果是吸热，所有过程反过来即可。设想这部分热量不是直接耗散掉，而是由一个温度为 T_1 的热源接收，热源下方连接着一个小的卡诺热机（椭圆形部分）。这个卡诺热机下方连着一个低温热源 T_0（假设它比整个循环中的任何温度都低）。T_1 热源吸收 Q_1 后，立刻将这部分热量释放给卡诺热机，卡诺热机经历一次可逆卡诺循环，传递热量 Q_1' 给 T_0。通过之前的推导，我们知道：

$$Q_1' = \frac{Q_1}{T_1} T_0 = \Delta S_1 T_0$$

由于 T_1 将热量 Q_1 原封不动地传送出去，因此这些热源都没有起到实际作用。对整个系统来说，最终效果是经历可逆循环的 M 和外界的做功，所有小卡诺热机和外界做的功之和，以及低温热源 T_0 吸收的热量。T_0 吸收的总热量，应该是在每一步中得到的上述热量之和：

$$Q_1' + Q_2' + Q_3' + \cdots + Q_N' = \Delta S_1 T_0 + \Delta S_2 T_0 + \Delta S_3 T_0 + \cdots + \Delta S_N T_0$$

注意，对整个系统来说，T_0 是单一热源，所以它吸收的总热量不能为负，否则它就向外传输热量，并且这些热量完全转换为热机对外做的功。这违背了热力学第二定律的开尔文表述（不可能从单一热源吸收能量，使之完全变为做功而不产生其他影响）。同时，它吸收的总热量不能为正，不然我们就可以把所有经历可逆循环的热机反过来运行，那么它吸收的总热量就变成了负值，向外传输了热量，依然违背了热力学第二定律的开尔文表述。于是，这些热量之和必须为零。

$$\Delta S_1 T_0 + \Delta S_2 T_0 + \Delta S_3 T_0 + \cdots + \Delta S_N T_0 = 0$$

将公共项 T_0 提出，得到：

$$\Delta S_1 + \Delta S_2 + \Delta S_3 + \cdots + \Delta S_N = 0$$

也就是说，经历了一次可逆循环后，M 的熵确实恢复为初始值。

四、非循环不可逆过程的熵变化

假设一个卡诺热机经历不可逆过程后从状态 A 到状态 B，它的熵改变量是：

$$\Delta S_{A \to B} = S_B - S_A$$

假设在这个过程中，热机从热源 T_1 吸收的热量是 $Q_{1(A \to B)}$，向热源 T_2 释放的热量是 $Q_{2(A \to B)}$。现在，让物体从状态 B 经历一次可逆过程并返回状态 A。在这个过程中，物体从热源 T_1 吸收的热量是 $Q_{1(B \to A)}$，向热源 T_2 释放的热量是 $Q_{2(B \to A)}$。它的熵改变量是：

$$\Delta S_{B \to A} = S_A - S_B$$

由于返回过程是可逆过程，因此：

$$\Delta S_{B \to A} = S_A - S_B = \frac{Q_{1(B \to A)}}{T_1} - \frac{Q_{2(B \to A)}}{T_2}$$

我们把整个循环交换的热量记作 Q_1、Q_2，那么：

$$Q_1 = Q_{1(A \to B)} + Q_{1(B \to A)}$$
$$Q_2 = Q_{2(A \to B)} + Q_{2(B \to A)}$$

调整顺序，写作：

$$Q_{1(B \to A)} = Q_1 - Q_{1(A \to B)}$$

$$Q_{2(B \to A)} = Q_2 - Q_{2(A \to B)}$$

将其代入之前的公式：

$$\Delta S_{B \to A} = S_A - S_B = \left(\frac{Q_1}{T_1} - \frac{Q_{1(A \to B)}}{T_1} \right) - \left(\frac{Q_2}{T_2} - \frac{Q_{2(A \to B)}}{T_2} \right)$$

考察不可逆过程的熵变化：

$$\Delta S_{A \to B} = S_B - S_A = -\left(\frac{Q_1}{T_1} - \frac{Q_{1(A \to B)}}{T_1} \right) + \left(\frac{Q_2}{T_2} - \frac{Q_{2(A \to B)}}{T_2} \right)$$

$$= \frac{Q_{1(A \to B)}}{T_1} - \frac{Q_{2(A \to B)}}{T_2} + \left(\frac{Q_2}{T_2} - \frac{Q_1}{T_1} \right)$$

通过之前的证明，我们知道，不可逆循环的热机效率比可逆循环低，这意味着：

$$\frac{Q_2}{T_2} - \frac{Q_1}{T_1} > 0$$

于是，我们得到：

$$\Delta S_{A \to B} > \frac{Q_{1(A \to B)}}{T_1} - \frac{Q_{2(A \to B)}}{T_2}$$

也就是说，对于不可逆过程，它的熵变化比 Q/T 的积累要多。以上论证适用于有两个恒温热源的卡诺热机。沿用之前的思路，这个结论可以推广到任何过程。

五、证明基于熵的温度定义符合热力学第零定律

现在证明：基于熵的温度定义符合热力学第零定律，即两个达到热平衡态的系统，它们的温度相同。

设想两个物体 A 和 B，它们通过接触达到热平衡态。从统计视角来看，这意味着两者处于最概然状态，两者作为整体的微观状态数是最多的。即：

$$\Omega_{tot} = \Omega_A \cdot \Omega_B$$

Ω_{tot} 处于最大值。相应地，两者熵之和也处于最大值：

$$S_{tot} = k \cdot \ln(\Omega_{tot}) = k \cdot \ln(\Omega_A \cdot \Omega_B) = k \cdot \ln(\Omega_A) + k \cdot \ln(\Omega_B) = S_A + S_B$$

A 和 B 之间不是绝热的，这意味着两者允许发生热量交换。设想热量 Q 从 A 传输至 B，那么根据熵和温度的定义，A 和 B 的熵分别发生以下变化：

$$S_A \to S_A - \frac{Q}{T_A}$$
$$S_B \to S_B + \frac{Q}{T_B}$$

总熵变为：

$$S_{\text{tot}} \to S_{\text{tot}} + Q\left(\frac{1}{T_{\text{B}}} - \frac{1}{T_{\text{A}}}\right)$$

如果 $T_{\text{A}} > T_{\text{B}}$，那么括号中的值为正，意味着这个能量流动会导致总熵增加，与之前的最概然状态矛盾。此时，会有热量源源不断地从更热的 A 流向更冷的 B，增加总熵，直到两者温度相同为止。因此，A 和 B 处于热平衡态确实意味着 $T_{\text{A}} = T_{\text{B}}$，符合热力学第零定律。

附录 C 直流电

一、德鲁德自由电子模型和欧姆定律

在金属中，承载电流的是自由电子。导线中的电子不是畅通无阻地加速运动，而是在与原子不断碰撞的过程中跌跌撞撞地向前推进的[①]。我们观测到的电流，其实是大量碰撞产生的统计效果。描述这个过程的模型称为"德鲁德自由电子模型"。略去推导过程，它的结论是：

$$J = \frac{nq^2\tau}{m}E$$

其中，E 是电场，描述的是单位电荷在这个位置所受到的静电力。n 是材料的自由电子密度，即单位体积内有多少自由电子。q 是一个电子的电量。τ 是平均碰撞间隔，描述的是电子在材料内自由流动时平均每隔多久会撞到一个原子。m 是电子质量。注意，n、q、τ、m 都是由材料性质决定的，和外部环境无关。我们把这四个量组成的项整合成一项，记作 D：

$$D = \frac{nq^2\tau}{m}$$
$$J = DE$$

[①] 注意，电子在金属中随机碰撞的平均速度远远高于宏观流动平均速度。

其中，J 是电流密度，描述的是在这个邻近区域内，单位横截面上、单位时间内流过的电荷数量。如果导线的横截面积是 A，那么电流密度写作：

$$J = \frac{I}{A}$$

其中，I 是电流，描述的是单位时间内通过导线横截面的电量。于是，德鲁德公式改写为：

$$I = DAE$$

下面我们定义一个新的物理量：电压 U，它是电场 E 与导线长度的乘积：

$$U = EL$$

其中，L 是导线的长度。于是，德鲁德公式进一步改写为：

$$I = \frac{DA}{L}U$$

之所以要用电压替代电场，是因为大部分电源（包括电池）是恒压源，U 是恒定的，而 E 由电压和导线长度决定。重新整理一下：

$$I = \frac{U}{R}$$

$$R = \frac{L}{DA}$$

其中，R 是新定义的量，称为电阻，描述的是导线对电流的阻碍程度。在电压 U 恒定的情况下，电流与电阻成反比。这意味着电阻越大，阻碍越强，电流越小，反之亦然。观察 R 的定义，将其写为：

$$R = \rho_R \frac{L}{A}$$

$$\rho_R = \frac{1}{D} = \frac{m}{nq^2\tau}$$

其中，ρ_R 是表示材料导电性质的物理量，称为"电阻率"。它仅和材料本身的性质有关，与导线的尺寸无关。导线的电阻大小与长度成正比，与横截面积成反比。

再看这个公式：

$$I = \frac{U}{R}$$

对一段给定的导线，它的电阻 R 是固定的。这个公式称为欧姆定律，描述的是电压、电阻和电流三者的关系。它是电路中的一条核心定律。

二、电路消耗的能量

假设经过一段时间 T，有 N 个自由电子经历了一段长度为 L 的电路，每个电子的电量是 q，那么根据电流的定义，可以知道：

$$I = \frac{Nq}{T}$$

假设这段电路两端的电压是 U，那么电压在这段电路中产生的电场是：

$$E = \frac{U}{L}$$

每个电子受到的力是：

$$F = qE = q\frac{U}{L}$$

这个力对每个电子做的功是：

$$W = FL = qU$$

对所有 N 个电子，总的功是：

$$NW = NqU$$

将电流公式代入：

$$NW = TIU$$

这就是在时间 T 内，在这段导线上消耗的能量。如果我们关心单位时间内的能量消耗，则可以定义功率 P 为单位时间做的功：

$$P = \frac{NW}{T} = IU$$

代入欧姆定律可得以下公式。

$$P = I(IR) = I^2R$$

附录 D　浮力公式

假设水中有一块立方体。第一种情形是，立方体漂浮在水面上，只有一部分体积浸没在水中；第二种情形是，立方体全部浸没在水中（见图 D-1）。

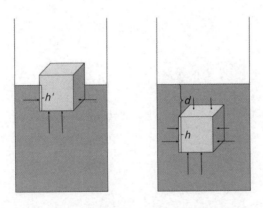

图 D-1　浮力

在第一种情形中，立方体前后左右四面都会受到水的压强。由于压强垂直于表面，而且这四个面是对称的，因此这些压强产生的力会互相抵消。立方体上面是空气，会受到空气压强，这里我们暂时不予考虑（因为空气压强会通过水传递给立方体的下表面，与上表面的空气压强抵消）。为了讨论方便，我们假设该系统处于真空环境中，所以上表面没有受到空气压强。通过前面的推导，我们知道立方体下表面受到的压强是：

$$P = \rho g h'$$

其中，h' 是液体深度，也就是立方体浸入水的深度。因为液体压强总是垂直于表面，所以立方体下表面受到一个向上托的力——这就是浮力。这个力等于压强乘以下表面积，也就是：

$$F = PA = \rho h'gA = \rho(h'A)g = \rho V'g$$

其中，V' 代表立方体浸入水中的体积。也就是说，在漂浮情况下，物体受到的浮力等于流体密度乘以浸入流体部分的体积，再乘以重力加速度。

现在考虑第二种情形，即立方体完全浸入水中。同理，前后左右四个面受到的压强互相抵消。立方体上方受到向下的压强，大小是：

$$P = \rho d g$$

其中，d 是上表面离水面的距离。于是上表面受到的压力是：

$$F = PA = \rho d g A$$

立方体下表面受到向上的压强：

$$P = \rho(d + h)g$$

其中，h 是立方体的高。于是下表面受到的压力是：

$$F = PA = \rho(d+h)gA$$

可见立方体受到向上的托力比向下的压力大，它们的差就是立方体受到的浮力：

$$F = \rho(d+h)gA - \rho dgA = \rho hgA = \rho Vg$$

其中，V 是立方体的体积。因为立方体完全浸没在水中，所以它也可以被解读为立方体浸没在水中的体积。

综合以上两种情形，我们可以得到统一的浮力公式：

$$F = \rho Vg$$

浮力等于流体密度乘以物体浸没在流体中的体积，再乘以重力加速度。

以上推导是基于规则的立方体的。对于形状不规则的物体（比如石头），我们可以把它拆分为许多小立方体，然后重复以上推导过程，会得到同样的公式。